Eigenbau improvisierter, kleiner Holzvergaser

Der Energieheimwerker Band 4

Michael Nörtersheuser

Eigenbau improvisierter, kleiner Holzvergaser

Der Energieheimwerker Band 4

Bibliografische Information der Deutschen Nationalbibliothek: Die Deutsche Nationalbibliothek verzeichnet diese Publikation in der Deutschen Nationalbibliografie; detaillierte bibliografische Daten sind im Internet über dnb.dnb.de abrufbar.

Herstellung und Verlag: Books on Demand GmbH, Norderstedt
1. Auflage 2018

ISBN 978-3-7528-4706-2

Inhaltsverzeichnis

Vorwort

Es ist nun sieben Jahre her, seitdem ich mich zum ersten Mal mit der Holzvergasung beschäftigt habe, zumindest mit der Holzvergasung zur Herstellung von Gas zum Antrieb von Verbrennungsmotoren. Es ist eine fast vergessene Technik und doch übt sie - ähnlich wie Dampfmaschinen – auf Tüftler und Heimwerker eine große Faszination aus. In Zeiten der Energiekrise, des Klimawandels und der Energiewende ist das Thema der Biomassevergasung doch schon wieder in den Focus der Tüftler und Ingenieure gerückt. Biomassevergasung übrigens deshalb, weil sich nicht nur Holz zur Vergasung eignet, sondern nahezu jegliche Biomasse, mit unterschiedlich guten oder praktikablen Resultaten. Ich möchte, auch wenn ich ein Fan regenerativer Energie bin, an dieser Stelle die politische Diskussion um Bioenergie, Reststoffverwertung, CO2 und Klimawandel vernachlässigen, denn diese wird an anderen Stellen zu Genüge geführt. Ich möchte mich einfach den technischen Gesichtspunkten widmen, denn weder werden durch diese kleinen Vergaser das Weltklima entscheidend verbessert (ja, Kleinvieh macht auch Mist), noch tritt der verbrauchte Energieträger in irgendeiner Konkurrenz zu Lebensmitteln, wie die Diskussion bei Pflanzenöl als Kraftstoff geführt wurde, damals als ich mein Buch über den Betrieb von KFZ mit Pflanzenöl geschrieben habe. Bei der Holzvergasung handelt es sich eher um ein Nischenprodukt, welches sich für Tüftler, Selbstversorger oder abgelegene Regionen als praktisch erweisen kann.

Anfangs recherchierte ich in der spärlichen Literatur alter Anleitungen zu Fahrzeugvergasern und durchforstete das Internet nach alten und neuen Hinweisen. Doch immer wieder stieß ich auf sich widersprechende Informationen zur Auslegung und Berechnung eines solchen Vergasers, jeder meinte mit seiner Interpretation oder Konstruktion das Ei des Kolumbus gefunden zu haben.

Ich wollte mir selbst einen Holzvergaser bauen, einen kleinen, der geeignet war ein Mini-Blockheizkraftwerk anzutreiben oder erst mal auch nur einen Stromgenerator. Aber vor allen Dingen ging es mir darum, die Technik zu verstehen und überhaupt erst einmal einen funktionierenden Gasgenerator zu bauen. Wie in meinem Buch über das Eigenbau Blockheizkraftwerk auch, verfolgte ich das Ziel, den Biomassevergaser aus leicht zu beschaffenden, handelsüblichen Materialien oder noch besser aus Schrottteilen herzustellen. Damit können viele Leser sich einen solchen Vergaser nachbauen und der finanzielle Rahmen dieser Projekte hält sich ebenfalls in Grenzen. Man glaubt gar nicht, welch Schlaraffenland so ein Schrottplatz manchmal für einen Heimwerker sein kann und selbstverständlich ist er auch ein Abbild unserer Konsum- und Wegwerfgesellschaft.

Ich begann Materialien zu sammeln, die mir geeignet erschienen und konstruierte einfach Schritt für Schritt los. Erfolge und Misserfolge in den folgenden Jahren führten neben ganz viel Spaß an der Sache nun zu einem Erfahrungsschatz, den ich in diesem Buch niedergeschrieben habe und es führte zu einer herrlich blauen Holzgas-Flamme... dem Kennzeichen eines guten, teerfreien Holzgases.

Die Holz- oder Biomassevergasung ist so alt wie das Feuer selbst. In einem Feuer führt die Hitze der Glut dazu, dass sich brennbare Gase aus dem sich zersetzenden Brennstoff herauslösen und unmittelbar durch die hohen Temperaturen entzünden. Die brennenden Gase kennen wir als das beliebte Flammenspiel eines Lagerfeuers. Die Technik rund um die Biomassevergasung versucht, die Abläufe in einer Apparatur zu kontrollieren und die Verbrennung und damit die Energie der entstehenden Gase nutzbar zu machen zum Beispiel zum Antrieb eines Fahrzeugs oder zur Erzeugung von Strom.

Ab etwa 1930 wurde die Entwicklung von Apparaturen zur Vergasung von Holz zum Betrieb von Kraftfahrzeugen vorangetrieben. Ob Personenwagen oder LKW, in diesen Zeiten wurden viele Fahrzeuge mit der regenerativen Energie Holz angetrieben. Doch damals spielte keinesfalls der Umweltschutzgedanke der Nutzung regenerativer und Co2 neutraler Energie die Rolle. Die Verhinderung der Abhängigkeit von Erdölimporten zu Kriegszeiten brachte diese Technologie hervor.

Heutzutage feiert diese Technik wieder eine kleine Renaissance, wenn auch als Nischenprodukt und als zahlreiche Modellvarianten begeisterter Tüftler. Diese Entwicklung vollzieht sich nicht etwa, weil wir derzeit einen Mangel an fossilen Kraftstoffen verspüren würden, sondern weil wir zum einen um deren Endlichkeit wissen und zum anderen, weil wir uns doch mehr und mehr auf regenerative Energien besinnen.

Es ist aber auch der Pioniergeist aller Tüftler und Entwickler, das Gefühl etwas weiterzuentwickeln und nicht zuletzt eine Möglichkeit zu haben, als Selbstversorger Strom und Wärme herzustellen.

Diesen Pioniergeist muss man sich gerade beim Thema Holzgas auch bewahren, denn es gehört schon einiges an Engagement und Durchhaltevermögen dazu, einen funktionierenden Holzvergaser zu bauen und dann damit auch noch eigenen Strom zu erzeugen. Wer dieses Ziel erreicht hat, wird zurückblicken auf die vielen Stunden mit dem Schweißgerät, den schwarzen Fingern und den nicht enden wollenden Rauchschwaden und erkennen, wie bequem es doch ist, den Strom einfach aus der Steckdose zu konsumieren.

Im ersten Band der Energieheimwerkerreihe habe ich gezeigt, wie ich mir aus einfachen, handelsüblichen Materialien ein Blockheizkraftwerk gebaut habe, welches mit regenerativem Kraftstoff Pflanzenöl betrieben werden kann und so umweltfreundlich Wärme und Strom erzeugt. In diesem Buch möchte ich dem Leser von meinen Erfahrungen beim Bau von kleinen Holzvergaseranlagen berichten und eine Anleitung und Anregung zum Selbstbau geben. Der Leser lernt das Prinzip und die Vorgänge der Holzvergasung kennen und erlebt Schritt für Schritt die Entstehung kleiner Holzvergaser - Anlagen. Dabei habe ich nur einen kleinen Teil der theoretischen Grundlagen aufgenommen, solche die mir unbedingt wichtig erschienen. Ich habe darauf verzichtet alle die Dinge nachzubeten, die in frei zugänglicher Literatur oder im Internet zu finden sind, sondern mich auf das Herstellen der Vergaser und das Vermitteln von Tipps und Kniffen beschränkt. Wer weiterführende Informationen benötigt, dem habe ich am Ende des Buches eine Literaturempfehlung zusammengestellt.

Die gezeigten Anlagen sind nur Beispiele, doch habe ich versucht alle Schritte in der Bauphase mit den nötigen Informationen zu ergänzen, Hintergrundinformationen zu vermitteln oder zu erklären warum etwas wie gebaut wurde.

So kann jeder, der sich einen solchen Vergaser bauen möchte, die Informationen auf sein eigenes Projekt anwenden und umsetzen. Durch die verschiedenen Gegebenheiten, die der Leser bei sich vorfindet, wie zum Beispiel das dem Leser zur Verfügung stehende Material oder auch sein Werkzeug und seine Fähigkeiten, funktioniert ein Nacheifern dieses Buches nicht ohne diese eigene Transferleistung. Doch wenn man sich an die gezeigten Grundsätze hält, wird es auch mit der blauen Flamme klappen.

Wie meine anderen Bücher auch, versteht sich auch dieses hier als Erfahrungsbericht, nicht als wissenschaftliche Abhandlung und erhebt keinesfalls den Anspruch eines Fachbuchs. Der Bau der kleinen Anlagen ist stark improvisiert mit dem Ziel, zum einen die Kosten, als auch den Arbeitsaufwand zu minimieren. Es ist ein Buch von Heimwerker für Heimwerker. Dieses Büchlein soll dem Leser Anregung, Information und Hilfestellung beim Bau des eigenen kleinen Holzvergasers sein.

Die grundsätzlichste Erfahrung, die ich in den Jahren des Tüftelns mit Holzgas gemacht habe möchte ich an dieser Stelle unbedingt erwähnen: Es gibt nicht nur den einen Weg einen solchen Vergaser zu bauen, sondern sehr, sehr viele. Wenn man die grundsätzliche Funktion verstanden hat und sich an die Prinzipien hält, wird der Vergaser funktionieren, der Rest ist Feintuning.

Deshalb zeige ich in diesem Buch die prinzipielle Bauweise anhand mehrerer Beispiele. Man sollte dieses Buch erst einmal vollständig lesen (Ich hoffe der Leser hat nicht bereits das Vorwort übersprungen) und dann mit dem Bauen des eigenen Holzvergasers beginnen.

Jetzt wünsche ich viel Spaß bei der Lektüre und dann viel Freude bei der Herstellung der eigenen Holzvergaser-Stromerzeugungsanlage.

Michael Nörtersheuser

Holzgas

Die Vergasung von Holz ist ein Verfahren zur Umwandlung des Feststoffes Holz (oder Biomasse aber auch Müll) in ein brennbares Gas. Dieser Vorgang ist der Natur abgeschaut, denn bei jedem Verbrennen von Holz geschieht der Vorgang in den verkohlenden Grenzschichten des Brenngutes. Ganz vereinfacht erklärt: Hat das nachgelegte Holz etwa 270 Grad erreicht, beginnen sich die Moleküle zu zersetzen und werden aufgespalten. Die dadurch entstehenden Gase entweichen, entzünden sich in der Hitze und erzeugen das Flammenspiel. Im Übrigen muss es sich dabei nicht unbedingt um Holz handeln, es kann auch Stroh, Pellets oder anderes pflanzliches Material sein. Nun wird mit der Holzvergasertechnik eben dieser Vorgang in einer Apparatur aufgenommen, welche die Biomasse bei teilweiser Verbrennung (bei 1200°C) erhitzt um sie, ab 270°C in den Grenzschichten der Verbrennung der Pyrolyse zu unterziehen um dann in der Reduktion bei 500-600°C dafür zu sorgen, dass unser Holzgas die für die motorische Verwendung geeignete Zusammensetzung besitzt.

Man kann dazu einen sehr einfachen Versuch machen, der das Prinzip der Pyrolyse veranschaulicht. Dazu werden wir Biomasse in Form von kleinen Holzstückchen in einem Gefäß unter Luftabschluss erhitzen (ein Holzvergaser arbeitet allerdings mit Sauerstoff, denn da muss die Hitze für den Prozess ja im Inneren erzeugt werden).

Abbildung 1

10

Abbildung 2

Abbildung 3

Abbildung 4

Die Temperatur im Innern der Dose steigt in kurzer Zeit und die Rauchentwicklung wird stärker. Nun kann der Rauch entzündet werden. Allerdings ist die Flamme sehr fein und wird vom leisesten Windhauch wieder ausgeblasen.

Zum Schluss bleibt die entstandene Holzkohle und an den Seiten und dem Deckel der Dose niedergeschlagener Teer zurück. Dieser Vorgang ist im Übrigen der Gleiche, wie bei der Herstellung von Holzkohle in einem Meiler. In richtigen Holzvergasern wird der Teer im Idealfall in der Reduktionszone in kurzkettige Moleküle aufgespalten.

Abbildung 5

Die Flamme dieses Versuches brennt mit deutlich gelber Flamme, ein Hinweis auf eine große Menge enthaltener Kohlenwasserstoffe (Teer). Dieser Teer ist für einen Verbrennungsmotor schädlich und muss entfernt oder durch geschickte Technik verhindert werden. Die Entstehung von Teer ist hier vorhersehbar, denn bei diesem Aufbau fehlt die notwendige Reduktionszone. Die zurückbleibende Kohle ist neben Asche ein typisches Endprodukt eines Holzvergasers und kann wiederverwendet werden, beispielsweise zum Anzünden des Vergasers, doch nun alles Schritt für Schritt.

Prinzipiell besteht ein einfacher Holzvergaser aus einem Behälter der Brennstoffvorrat und Brennraum gleichermaßen beinhaltet. Zugeführt wird eine gewisse Menge Verbrennungsluft, genug zum Verkohlen, zu wenig zum Verbrennen, denn ich möchte ja keinen Kaminofen bauen, sondern einen Holzvergaser.
Der Brennraum, der bei dieser Technik auch gerne Herd genannt wird, ist das Herzstück des Vergasers. Im Herd wird die notwendige Hitze für den gesamten Prozess erzeugt. Über dem Herd bildet sich die Pyrolysezone und darüber die Trocknungszone (die einzelnen Zonen werden im Laufe des Buches noch näher dargestellt). Das in der Pyrolysezone entstehende Gas gelangt nach unten in die Reduktionszone, die aus glühender Kohle besteht. Dann gelangt das Gas durch den Aschebehälter in den Kühler, anschließend in den Filter und kann danach genutzt oder verbrannt werden.

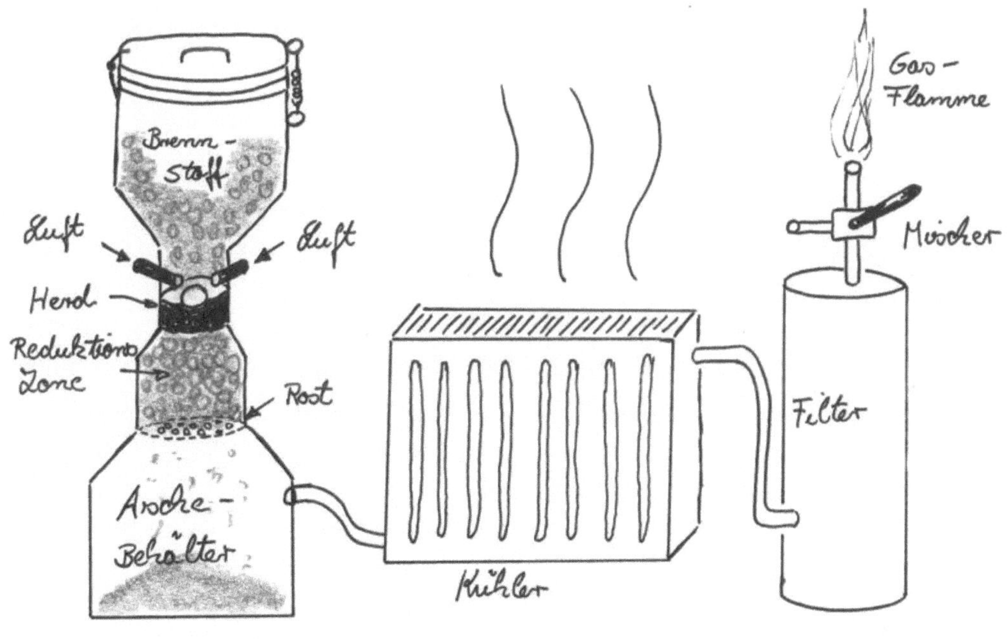

Abbildung 6

Der Trick der Version eines „Absteigenden Holzvergasers" (wie in Abbildung 6) ist nun, dass der Brennstoff durch den Deckel des Behälters gefüllt wird und das entstehende Gas nach unten abgeführt wird. So muss der entstehende Rauch, also unser Holzgas durch die Reduktionszone des Vergasers, die Einschnürung im Herd zwingt das Gas hindurch. Hier wird das Gas bei hohen Temperaturen chemisch verändert, man sagt es wird gekrackt. Dadurch entstehen erst die gewünschten Bestandteile im Holzgas, CO, H2 und Methan. Unerwünschte Bestandteile, wie zum Beispiel Teer, werden zum größten Teil zerstört.

Holzgas besteht aus den folgenden Bestandteilen (Prozentbestandteile variieren):

Kohlenmonoxid CO 23%
Wasserstoff H2 18%
Methan CH4 2%
Kohlendioxid CO2 10%
Stickstoff N2 47%

Im Aschebehälter verliert das Gas an Geschwindigkeit, erste Schwebstoffe setzen sich ab und das Gas kühlt vor. Der Kühler sorgt zum einen für die Abscheidung von Kondensat, zum anderen wird das Gas durch die Abkühlung dichter und energiereicher pro Volumenanteil. Der Filter entfernt Teer, Kondensat und Staub, was für die motorische Verwendung des Gases besonders wichtig ist. Ein Mischer sorgt für die Beimischung des richtigen Anteils von Verbrennungsluft.

Sicherheit steht an erster Stelle

Ich kann in diesem Buch unmöglich alle Situationen betrachten, welche in irgendeiner Weise Gefahrenquellen in Zusammenhang mit dem Projekt der Holzvergasung darstellen könnten. Doch auf die wichtigsten Gefahren möchte ich den Leser unbedingt hinweisen.

Holzgas besteht aus einem Gasgemisch, welches auch sehr giftige Bestandteile wie Kohlenmonoxid enthält. Deshalb muss man unbedingt vermeiden das Gas einzuatmen. Nur im Freien bei guter Belüftung mit dem Holzvergaser arbeiten.

Holzgas ist darüber hinaus hochexplosiv. So soll es ja auch sein, denn sonst könnte man damit ja keinen Verbrennungsmotor betreiben. Aus diesem Grund muss der Holzvergaser unbedingt mit Explosionsschutzeinrichtungen versehen sein, die im Falle einer Rückzündung den entstehenden Druck kontrolliert ablassen können. Zur Konstruktion dieser Einrichtungen wird später im Text noch eingegangen.
Bei dem Nachfüllen des sich im Betrieb befindlichen Vergasers ist unbedingt zu beachten, dass sich kurz nach Öffnen des Brennstoffbehälters eine Rückzündung ereignet, weil durch das Öffnen des Deckels Sauerstoff in das Innere gelangt und sich die Gase am Herd entzünden. Bitte diese Rückzündung erst abwarten und darauf achten, dass sich weder Körperteile noch Gegenstände über der Einfüllöffnung befinden. Nachdem die Rückzündung erfolgt ist, kann der Vergaser gefahrlos nachgefüllt werden.

Schweißdämpfe sind sehr giftig! Unbedingt in gut belüfteten Bereichen oder draußen schweißen und die Dämpfe nicht einatmen.

Im Zusammenhang mit der Herstellung des Holzvergasers bei der Benutzung von Werkzeugen und Maschinen, wie Trennschleifer und Schweißgerät immer auf die geeignete Sicherheitskleidung achten, Handschuhe, Gehörschutz, Schutzbrille usw.

Die Herstellung und auch der Betrieb des Vergasers stellt eine gewisse Brandgefahr dar. Unbedingt auf den Brandschutz achten und für den Fall eines Entstehungsbrandes geeignete Mittel zur Brandbekämpfung bereitstellen.

Das benötigte Werkzeug

Ganz ohne Werkzeug und handwerkliches Geschick geht es leider nicht, doch wie immer habe ich mich auf ein Minimum an Werkzeugen und Maschinen zu beschränken versucht, damit möglichst viele Leser sich auch einen solchen Vergaser nachbauen können. Es macht für mich keinen Sinn, einen Vergaser vorzustellen, der aus lasergeschnittenen Edelstahlteilen zusammengebaut wird. Schön anzuschauen ist das schon, keine Frage und dazu noch sehr haltbar. Jedoch wird ein solcher Vergaser extrem teuer und somit für die meisten Heimwerker unerschwinglich, noch haben die meisten solche Maschinen oder Materialien zur Verfügung. Dann muss man die Teile von einer Firma herstellen lassen, was wieder aufwändig und teuer ist. Wenn man etwas abändern möchte, hat man schon wieder ein Problem. Jeder der schon mal ein Loch in Edelstahl gebohrt hat, weiß was ich meine. Deshalb beschränke ich mich in diesem Buch im Wesentlichen auf Stahl-Teile vom Schrott sowie handelsübliche und leicht zu beschaffende Einzelteile.

Da ein solcher Holzvergaser aber dennoch eine Schlosserarbeit darstellt, benötigen wir eine für die Metallbearbeitung gut ausgestattete Werkstatt. Ein Schweißgerät ist unerlässlich und selbstverständlich die Fähigkeit es zu bedienen zu können. Man muss kein Schweißer von Beruf sein, die Nähte müssen nicht unbedingt schön sein, sie müssen nur halten und vor allem dicht sein, damit der Holzvergaser später keine Falschluft zieht. Ein Elektrodenschweißgerät ist in Ordnung, weil dicke Bauteile zusammengefügt werden. Schöner, besser und einfacher geht es mit einem Schutzgasschweißgerät, das ist aber auch dementsprechend teurer.

Achtung: Beim Schweißen immer Schutzkleidung tragen, also Schürze, Handschuhe und einen geeigneten Blendschutz. Ich bevorzuge einen automatischen Schweißhelm, dann hat man beide Hände zum Arbeiten frei. UV Schutz, Brandschutz und Schutz vor elektrischem Schlag unbedingt beachten! Schweißdämpfe niemals einatmen, die sind giftig! Entweder draußen oder mit Absauganlage schweißen.

Trennschleifer mit Trennscheiben und Fächerscheiben zur Feinbearbeitung benötigt man unbedingt. Insbesondere mit den Fächerscheiben arbeite ich sehr gerne, da man mit ihnen dadurch, dass sie viel Material abtragen können, sehr gut „modellieren" kann.

Beim Arbeiten mit dem Trennschleifer, Schutzkleidung, Handschuhe, Gehörschutz und Schutzbrille tragen. Brandschutz und den Schutz vor elektrischem Schlag beachten.

Ein Werkzeug, dass wirklich gute Dienste leistet und dass ich nicht mehr missen möchte ist mein Plasmaschneider. Damit können alle möglichen Teile wie mit einem Messer zurechtgeschnitten werden. Der Schnitt ist je nach Übung wirklich sehr sauber und es erspart einem langwieriges Trennschleifen. Ich habe einen solchen Plasmaschneider in einem bekannten Auktionshaus erstanden und obwohl es günstig war und sicherlich kein europäisches Produkt, leistet es seit Jahren treue Dienste. Man braucht allerdings einen kleinen Luftkompressor zum Betrieb. Die Anschaffung beider Geräte lohnt sich für den Heimwerker aber auf alle Fälle, denn es ergibt sich durch die Verfügbarkeit eines solchen Werkzeuges eine Vielzahl neuer Anwendungsmöglichkeiten…Das geeignete Modell findet man sehr schnell, recherchiert man die Bewertungen im Internet. Es kostet etwa 220€, die wirklich gut angelegtes Geld sind.

Hier gelten die gleichen Sicherheitsmaßnahmen wie die beim Umgang mit dem Schweißgerät, nur es muss eine andere - für das Plasmaschneiden zulässige - Schutzbrille verwendet werden.

Die Baumaterialien und deren Quellen

Ich habe insbesondere darauf geachtet, die Holzvergaser mit handelsüblichen Materialien herzustellen und nicht mit Teilen, die man aufwändig und teuer herstellen lassen muss. Das bedeutet in der Praxis, dass der Heimwerker alle verwendeten Materialien auf dem Schrott, im Baumarkt oder auf Handelsplattformen im Internet finden kann.

Behälter: Hier werden Druckluftkessel, Gasflaschen oder ähnliche Behälter verwendet, für die Aschebehälter und Gasfilter eignen sich kleine Fässer mit Spannringdeckel hervorragend.

Dichtungen: Hier eignen sich Silikon Backmatten (zurechtschneiden), Silikonschläuche und Hochtemperatursilikon in Verbindung mit Glasfaserschnüren oder Glasfasergewebe (zur Abdichtung von Kaminöfen oder im KFZ-Zubehör im Handel). Ich habe ebenfalls mit Fensterdichtungen gute Erfahrungen an nicht so thermisch belasteten Teilen gemacht. Man muss je nach Konstruktion etwas improvisieren.

Zum Thema Dichtungen noch ein wichtiger Hinweis: Falschluft ist der Feind eines jeden Holzvergasers. Es ist wichtig, dass alle Schweißverbindungen, Verschraubungen, Flansche, Deckel usw. wirklich dicht sind. Durch Falschluft werden die Vorgänge im Vergaser dermaßen gestört, dass nicht daran zu denken ist, jemals vernünftiges Holzgas zu erzeugen. Darüber hinaus kann auch Falschluft an ungeeigneter Stelle dazu führen, dass ein zündfähiges Gemisch entsteht, gut ist dann, wenn man an die Explosionsschutzeinrichtungen gedacht hat.

Hier wurde eine Dichtung aus einer Fensterdichtung hergestellt, welche es selbstklebend am laufenden Meter gibt. Das Gegenstück ist im Deckel versetzt aufgeklebt und ergibt bei wenig thermisch belasteten Stellen eine gute Abdichtung.

Abbildung 7

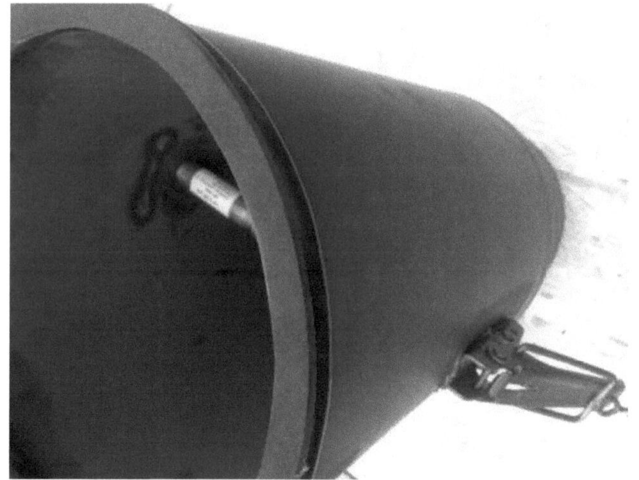

Abbildung 8

Abbildung 9

Düsen: Gute Erfahrung habe ich mit Schlauchtüllen aus Edelstahl gemacht, sie sind langfristig beständig gegen die hohen Temperaturen im Herd, günstig und es gibt sie in verschiedenen Längen und Durchmessern zu kaufen, so dass man sehr einfach Variationen am Vergaseraufbau vornehmen kann.

Abbildung 10

Herdeinsatz: Entweder selbst gegossene Herdeinsätze aus feuerfestem Beton oder selbst hergestellte Einsätze aus Porenbeton. Diese Einsätze habe ich mit einer selbst konstruierten Säge ausgeschnitten, die ich mir aus einem Ofenrohr gebaut habe. Der gleiche Typ Rohr beherbergt auch später im Holzvergaser den Herdeinsatz, sodass er dort perfekt hineinpasst. Der untere Teil der Säge wurde mit dem Trennschleifer eingeschnitten und die so entstandenen Zähne mit

Abbildung 11

einer Zange leicht geschränkt. Nach Aufsetzen der Säge auf eine Porenbetonplatte, wird die Säge mit dem

oben angeschweißten Griff hin und her bewegt und so der kreisrunde Hereinsatz herausgesägt. Das Loch in der Mitte wird mit einer normalen Lochsäge im gewünschten Durchmesser gefertigt und danach die Ränder des Lochs trichterförmig ausgeschabt. So kann man sich sowohl verschiedene Herdeinsätze sehr schnell und günstig selbst herstellen, als auch immer wieder Ersatz nachfertigen.

Abbildung 12

20

Abbildung 13

Selbstverständlich kann man auch Herdeinsätze aus Stahl verwenden, hier ist nur die Ausgestaltung des Trichters schwieriger.

Rohre: Für die Rohre der Reduktionszone habe ich dickwandige Ofenrohre benutzt, mit etwas Glück findet man auf dem Schrott sogenannte Schweiß-Flansche, die darauf passen. Oftmals findet man aber auch im Industrieschrott Rohre mit Flanschen, die sich für den Holzvergaser umfunktionieren lassen und in der Regel deutlich dicker und dadurch haltbarer sind.

Abbildung 14

Gaskühler: Hierzu eignen sich ausrangierte Heizkörper, die immer auf dem Schrottplatz zu finden sind. Ebenfalls geeignet sind Kühler aus Kraftfahrzeugen (sofern sie komplett aus Metall sind) oder Kühler aus Kühlaggregaten und Ähnliches. Und selbstverständlich sollte man sich in diesem Zusammenhang Gedanken machen, wie man die Abwärme des Holzvergasers sinnvoll nutzen kann und danach den geeigneten Kühler suchen. Trocknung des Brennstoffs, Poolheizung, Heizung des Solarspeichers... es gibt denkbar viele Möglichkeiten die Abwärme zu nutzen.

Gebläse: Als Gebläse habe ich verschiedenste Varianten benutzt, angefangen von einer handbetriebenen Doppelhubkolbenpumpe über elektrische Gebläse zum Aufpumpen von Luftmatratzen (die sind etwas laut) bis hin zu metallenen Walzenlüfter aus der Heizungstechnik. Funktioniert hat es mit allen, allerdings sollte der Lüfter, wenn er als Soggebläse eingesetzt wird, temperaturbeständig und nicht zu teuer sein. Das angesaugte Holzgas kann nämlich noch ordentliche Temperatur haben. Auch kann es gerade in der Versuchsphase mit neuen Konstruktionen zur Teerbildung kommen, dieser schlägt sich im Lüfter ab und verklebt ihn, was entweder eine aufwändige Reinigung oder einen Austausch des Gebläses nach sich zieht.

Installationen & Leitungen: Hier kann man sich aus der Sanitär- und Eisenwarenabteilung des ansässigen Baumarktes oder selbstverständlich vom Schrottplatz bedienen. In der Abbildung 17 ist zum Beispiel ein Anschluss an ein Behältnis aus solchen handelsüblichen Materialien dargestellt. Links der Anschluss außen, rechts im Inneren. Das Gewinde wird zusätzlich mit Glasfaserfäden und Auspuffzement umwickelt bevor alles festgezogen wird.

Abbildung 16

Abbildung 17

Geeignete Brennstoffe

Grundsätzlich kann sämtliche Biomasse - die brennbar ist - in einem Biomassevergaser vergast werden, jedoch stellen sich je nach Brennstoff unterschiedliche Anforderungen an die Vergasertechnik. Auch die Qualität des produzierten Gases wird abhängig von der verwendeten Biomasse sehr unterschiedlich ausfallen. Normalerweise wird man eine bestimmte Menge und Art an Biomasse besitzen und dann einen Vergaser für eben diese Biomasse herstellen, denn der Brennstoff bestimmt im Wesentlichen die Form und Ausführung des Herdeinsatzes und der Düsen. Es macht also wenig Sinn, erst einmal einen Vergaser zu bauen und dann anschließend auf die Suche nach einem geeigneten Brennstoff zu gehen, der dann auch noch in ausreichender Menge zur Verfügung stehen soll. Einige der gängigsten Brennstoffe möchte ich hier kurz vorstellen und zur Eignung in den hier in diesem Buch vorgestellten Vergasertypen Stellung nehmen.

Holzkohle

Holzkohle ist das Beste, was man als Brennstoff für den Vergaser haben kann. Die Restfeuchte ist klein, der Brennstoff ist homogen und es wird im Vergaser so gut wie kein Teer erzeugt, womit das eigentliche Kernproblem gelöst ist. Auch passt Holzkohle auf nahezu jeden Vergasertyp, denn die Stückgröße ist beliebig variabel. Der klare Nachteil, Holzkohle ist sehr teuer und steht nicht unbedingt in beliebiger Menge zur Verfügung. Dazu kommt, dass für die Produktion von Holzkohle mittlerweile ganze Wälder abgeholzt werden um den Hunger der Holzkohlegrills zu stillen. Und das Ganze auch teils auf dubiosen Handelswegen. Es ist also nicht so, dass Holzkohle immer aus Windbruch der Region und vom heimischen Köhler stammt. Man sollte bei der Verwendung von Holzkohle bitte ein spezielles Augenmerk auf dessen Herkunft legen.

Holzstücke

In den Zeiten der historischen Holzvergaser war Holz, welches auf die Größe von Streichholz bis Zigarettenschachteln zerkleinert war, der übliche Brennstoff. Es ist ein gut funktionierender Brennstoff, je nach der verwendeten Holzart entsteht mehr oder weniger Teer. (Birke und Nadelhölzer verursachen mehr Teer). Die Zerkleinerung des Holzes auf die richtige Größe stellt einen erheblichen Arbeitsaufwand dar, jedoch steht Holz in den meisten Fällen in ausreichender Menge zur Verfügung.

Es kann so gut wie jede Holzart in einem Holzvergaser verbrannt werden, doch eignen sich Harthölzer wie Buche besser als weiche Holzarten wie Weide oder Pappel. Dies liegt daran, dass Harthölzer nach der Verschwelung eine gute langlebige Glut bilden, die sich positiv auf die Gasqualität auswirkt. Laubhölzer bilden mit Ausnahme der Birke weniger Teer als Nadelhölzer, weshalb ihnen der Vorzug gegeben werden sollte.

Holzkohlebriketts / Braunkohlebriketts

Auch wenn insbesondere die Braunkohle in früheren Zeiten als Brennstoff für Holzvergaser Verwendung fand, ich habe nur schlechte Erfahrungen damit gemacht. Schlechte Verbrennungseigenschaften, schlechtes Gas, starke Ablagerungen, viel Staub und Gestank ... dazu ein fossiler Brennstoff... aus meinen gemachten Erfahrungen kann ich nur davon abraten Braunkohle zu verwenden. Das Gleiche gilt im Übrigen für Holzkohlebriketts, die normalerweise zum Grillen verwendet werden, sie verbrennen schlecht und bilden im Vergaser nur unzureichende Glut und viel Asche.

Ich habe es auch mal mit Schmiedekohle (Steinkohle) versucht, es gab furchtbaren Gestank und Schlacke welche das System verstopft hat. Für diese kleinen Vergaser ein ungeeigneter Brennstoff.

Grasartige Pflanzen

Vielleicht möchte jemand Biomaterialien sinnvoll in Holzgas umwandeln, die mancherorts als Abfall oder als unerwünschtes Nebenprodukt anfallen. Dazu gehören Stroh, Reisspelzen, Getreidespelzen, Reste von Zuckerrohr, Miscanthus, Bambus … selbstverständlich kann man auch diese Biomassen in einem Holzvergaser zu nutzbarem Holzgas umwandeln, wenn man entweder darauf achtet, dass sie rieselfähig sind (Pellets herstellen oder sinnvoll Häckseln) oder man die konstruktive Form des „Aufsteigenden Holzvergasers" nutzt. Allerdings beinhalten diese grasartigen Pflanzen in ihrer Asche große Mengen Silikate. Diese Silikate wirken im Motor wie ein Schleifmittel, weshalb hier erhöhte Anforderungen an die Leistung des Gasfilters gestellt werden müssen um erhöhten Motorverschleiß zu vermeiden. Je feiner der Brennstoff ist umso schwieriger wird er sich zu gutem Holzgas verarbeiten lassen. Etwa mit Sägemehl funktioniert ein Vergaser überhaupt nicht, zumindest kein absteigender Vergaser.

Holzhackschnitzel

Dies ist ein wirklich guter Brennstoff für den Holzvergaser, insbesondere je homogener er ist. Man sollte darauf achten, dass die Hackschnitzel wenig Restfeuchte beinhalten und dass keine groben oder zu feinen Stücke enthalten sind. Diese könnten dazu führen, dass die Hackschnitzel nicht gut nachrutschen können und Hohlbrände entstehen. Das gleiche gilt auch für Rinde, die im Hackgut oft größere undefinierte Gebilde und Klumpen bildet.

Ein großer Vorteil von Hackschnitzeln ist, dass man sie im Handel in großen Mengen beziehen, doch auch mit einem Häcksler leicht selbst aus allem anfallendem Grünschnitt herstellen kann. So ist alles, was sich häckseln lässt, zu wertvollem Brennstoff verarbeitbar.

Ich habe mir für diesen Zweck diesen Häcksler mit Benzinmotor zugelegt, der sich auch dafür eignet mit Holzgas betrieben zu werden …

Abbildung 18

Pellets

Pellets sind nicht gerade der günstigste Brennstoff, doch gut zu beschaffen und zu lagern und sie besitzen eine ausgezeichnete Homogenität und Rieselfähigkeit. Hohlbrände sind daher nahezu ausgeschlossen. Aufgrund des einfachen Bezuges habe ich meine ersten Schritte mit diesem Brennstoff gemacht. Dabei habe ich allerdings feststellen müssen, dass die Qualität und insbesondere die Restfeuchte je nach Bezugsquelle extrem unterschiedlich ausfallen kann.

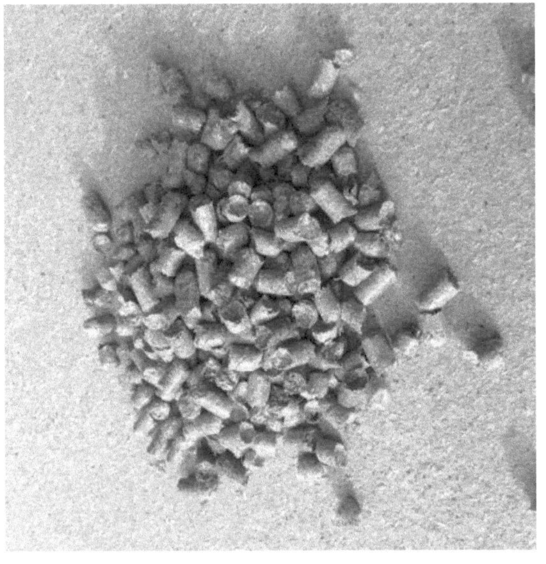

26

Manchmal war der Vorratsbehälter sehr schnell mit nassem Holzmehl verstopft, da die Pellets durch die Bildung von sehr viel Kondenswasser einfach zerfallen sind. So funktioniert sicherlich kein Vergaser. Also muss man die Pellets vorher trocknen oder Probemengen verarbeiten um einen guten Lieferanten zu finden. Dieses Problem hat man mit Hackschnitzeln nicht, da diese nicht zerfallen können.

Hohlbrände und Brückenbildung

Unter der Brückenbildung versteht man den Umstand, wenn der Brennstoff im Bereich oberhalb des Herdes nicht optimal nachrutscht und sich verhakt. Es entsteht somit aus dem Brennstoff eine Art Brücke unter welcher der Rest Brennstoff nach unten rutscht und verbrennt. Dadurch entsteht zwischen der Brücke und dem Herd ein Hohlraum in welchem eine unkontrollierte Verbrennung stattfinden kann.

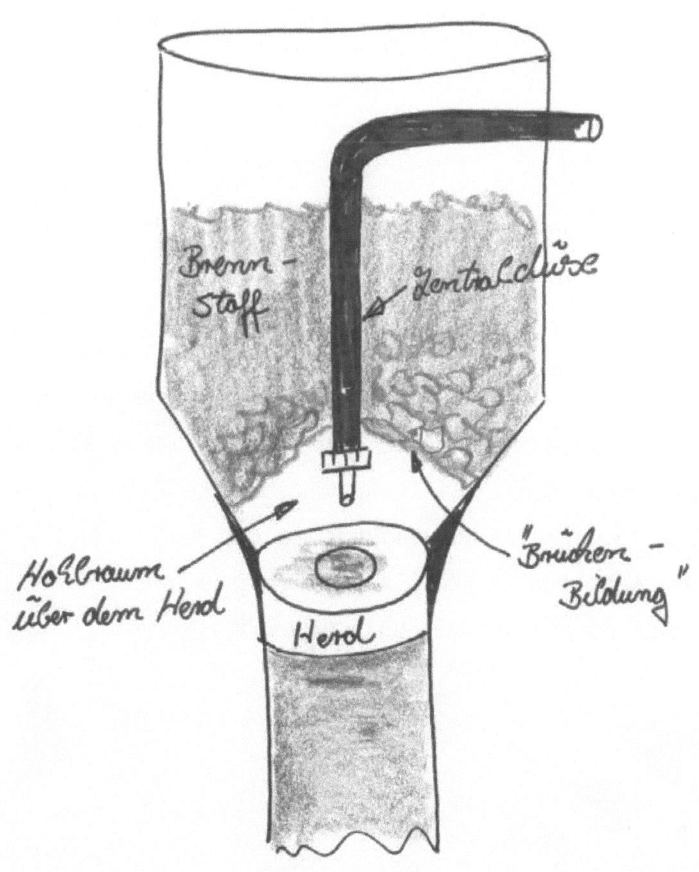

Abbildung 19

Hierbei kann es zu extrem hohen Temperaturen kommen, die Vergaserteile beschädigen können. Außerdem wird der Vergasungsprozess gestört, es kommt zu qualitativ schlechtem Holzgas, welches große Mengen an Teer enthalten kann. Wird ein solcher Hohlbrand zu spät bemerkt, kann dies auch zu Teerproblemen oder Schäden am verwendeten Verbrennungsmotor führen. Um dies zu vermeiden muss sichergestellt werden, dass der Brennstoff kontinuierlich und immer zuverlässig nachrutscht. Dies erreicht man zum einen, indem man Brennmaterial wählt welches homogen und gleichmäßig beschaffen ist (also weder Blätter, Stöckchen, Fremdmaterial ... dazwischen ist) und zum anderen

durch Vibrationen. Erschütterungen sorgen dafür, dass eventuell doch mal entstehende Brücken im Brennstoff zerstört werden. Diese Vibrationen können direkt durch den Verbrennungsmotor erzeugt werden. Dazu muss man nur Motor und Vergaser auf die gleiche Konstruktion setzen, so dass die ganze Konstruktion vibriert. Ist das nicht möglich, kann man einen Vibrationsmotor an den Brennstoffbehälter anbauen, also irgendeinen Elektromotor, den man mit einer Unwucht ausstattet. Oder man benutzt einen alten Vibrations- oder Excenterschleifer, welche sich für diesen Zweck hervorragend eignen.

Der grundsätzliche Aufbau eines Holzvergasers

Von den vielen existierenden Holzvergasertypen gibt es zwei Varianten mit denen ich mich beschäftigt habe und die ich in diesem Buch vorstellen möchte. Der erste Typ ist der sogenannte „Absteigende Holzvergaser", was bedeutet, das Holzgas wird bei dieser Konstruktion nach unten durch die Reduktionszone geführt. Dies ist eine gute Vergaservariante für die meisten Anwendungsfälle und liefert, hat man alles richtig gemacht, Holzgas in sehr guter Qualität. Es ist die Vergaservariante für gute, homogene Biomasse gleichbleibender Struktur, Qualität und Rieselfähigkeit.

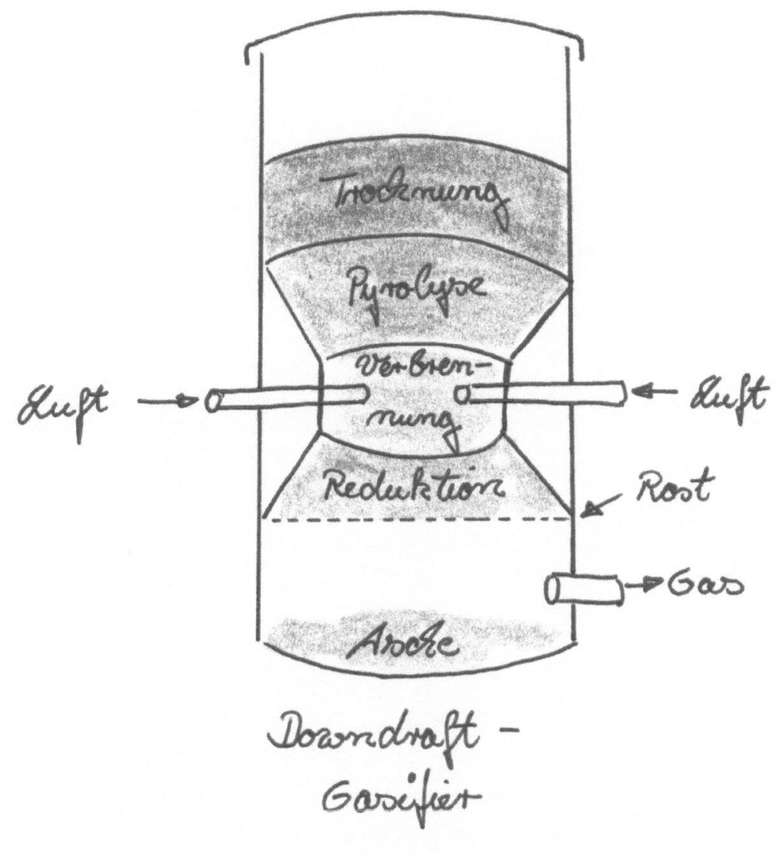

Abbildung 20

Die andere Vergaservariante ist der sogenannte „Aufsteigende Holzvergaser" welchen ich in der zweiten Hälfte des Buches vorstellen möchte. Hier wird etwas Biomasse in einen Behälter gefüllt und dann angezündet, danach wird auf dieses Feuer der Brennstoff gegeben. Das Feuer frisst sich nach oben durch den Brennstoff und das Holzgas wird oben abgeführt. Er ist geeignet für Biomasse, die den Voraussetzungen des „Absteigender Holzvergasers" nicht entspricht, also etwa nicht homogen oder nicht rieselfähig ist. Auch mit einem solchen Vergaser lässt sich gutes Holzgas herstellen, für die motorische Verwendung ist es aber nur die 2. Wahl, denn diese Konstruktion besitzt keine so gut definierten Reaktionszonen um permanent gleichbleibende Gasqualität zu liefern. Dennoch ist er für einige Anwendungen ein geeigneter Vergaser insbesondere, weil seine Konstruktion sehr einfach ist.

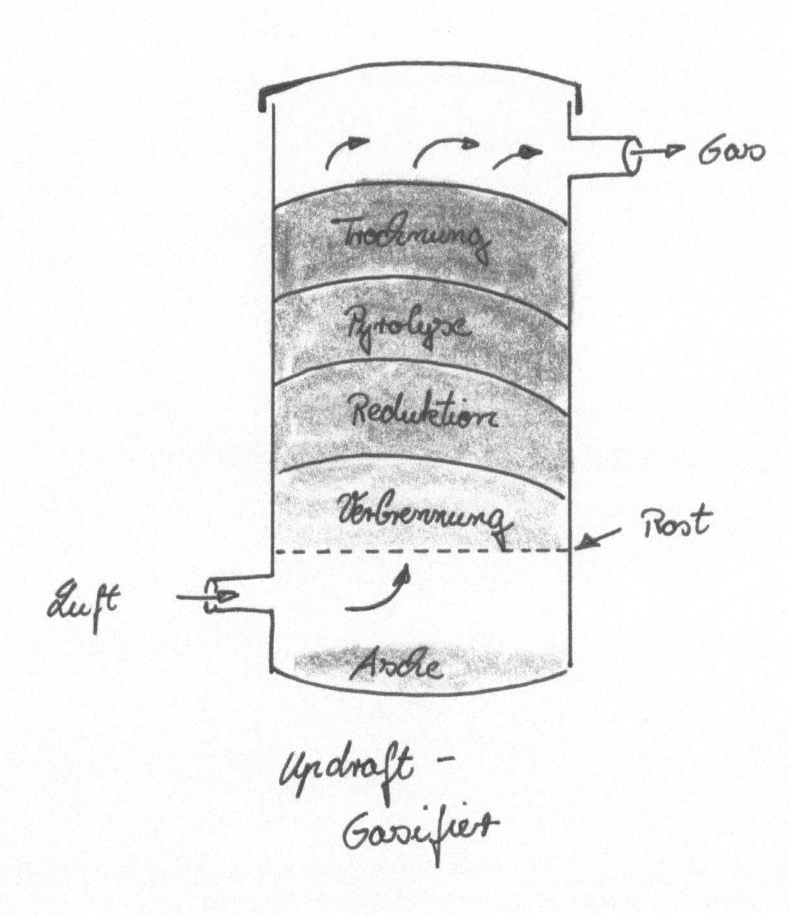

Abbildung 21

Seit den vielen Jahren in denen ich in der Werkstatt mit den Vergaser-Prototypen gewerkelt habe ist mir ein Sachverhalt bewusst geworden. Das Thema „Holzvergaser" ist vergleichbar mit dem Thema „Verbrennungsmotoren" und deshalb ist es einfach auch nicht möglich ein Buch zu schreiben und darin den einzig wahren Vergaser zu beschreiben. Es hat in der damaligen Zeit mal einen Einheitsvergaser gegeben, das hatte aber eher den Hintergrund einen funktionierenden Vergasertyp als Standard zu etablieren, um die Brennstoffversorgung und Ersatzteilversorgung zu vereinfachen. Insbesondere die Tatsache der sicheren Brennstoffversorgung war wohl der Grund dafür, dass in der Blütezeit der Holzvergaser sehr ähnliche Konstruktionen zum Einsatz gekommen sind. Man hat früher - so ähnlich wie an Tankstellen - Säcke mit Holz für diese Vergaser zum Tanken kaufen können. Die Holzstücke waren immer von der gleichen Größe und Beschaffenheit und es gab Leute, die mit der Herstellung dieser Holzstücke ihr Brot verdient haben. Es mussten also vereinheitlichte Holzstücke hergestellt werden, denn diese sollten ja zum tanken für alle geeignet sein... hunderte von unterschiedlichen Modellen und Konstruktionen von Vergasern am Markt hätten dazu geführt, dass man viele unterschiedliche Brennstoffarten hätte vorhalten müssen, was natürlich überhaupt nicht praktikabel ist. Also ist die erste Frage bei der Herstellung des Holzvergasers:

1) Welchen Brennstoff habe ich in ausreichender Menge und in gleichbleibender Qualität zu Verfügung, denn danach wird sich die Konstruktion des Herdes bemessen. Für Pellets wird man sicher einen kleinen, schlanken Herd wählen mit Zentraldüse, denn Pellets rutschen gut von selbst nach. Die Bohrungen des Rosts sind eher klein gehalten mit möglichst wenig Steg dazwischen, eher wie ein Sieb. Für grobe Brennstoffe muss linear auch ein größerer Herddurchmesser und damit einhergehend auch ein größerer Düsendurchmesser gewählt werden, die Bohrungen des Rostes sind ebenfalls größer zu bemessen, allerdings auch mit wenig Steganteil. Es kommen bei groben Brennstoffen mehrere horizontal angeordnete Düsen zum Einsatz, damit zum einen die Brückenbildung vermieden wird, zum anderen um den größeren Herddurchmesser an allen Stellen gleichmäßig mit Sauerstoff versorgen zu können.

2) Welche Baumaterialien habe ich zur Verfügung, möchte ich also alle Teile des Vergasers professionell herstellen oder möchte ich einen Vergaser aus nahezu unveränderten gebrauchten Teilen vom Schrott zusammenbauen.

Es ist also nicht sinnvoll hier technische Zeichnungen von Vergaserteilen abzubilden, die man dann einfach nachbaut und zusammensetzt, auch wenn sich mancher Leser das vielleicht insgeheim gewünscht hat. Mir ist klar, dass der Bau nach einer technischen Zeichnung sehr viel einfacher ist, als den Transfer zu einer Eigenkonstruktion zu wagen. Doch dann hätte man wieder einen Einheitsgenerator, und um bei dem Vergleich zu bleiben einen einzigen Verbrennungsmotor bemaßt und beschrieben. Ist es demjenigen, der einen solchen Vergaser nachbaut aus irgendeinem Grund nicht möglich ein Bauteil zu besorgen oder zu fertigen, würde das ganze Projekt scheitern, da alle Teile aufeinander aufbauen. Oder wie schon gesagt, braucht dann jeder gleiche Vergaser auch genau den gleichen Brennstoff... Also muss das Thema Holzvergaseranlagen in seinem Kern beschrieben werden, nämlich der Beschreibung der Funktion und diese an vielen Beispielen verdeutlicht. Hat man einmal das Prinzip verstanden und mit ein bisschen Erfahrung und Fingerspitzengefühl die Kniffe herausgefunden, dann kann man mit jedem Brennstoff und dem zur Verfügung stehenden Material einen funktionierenden Vergaser bauen. Es ist tatsächlich wie beim Verbrennungsmotor, erst kommt die Frage nach

Benzin, Gas, Diesel oder Schweröl und danach beginnt man die Konstruktion des Motors, nach den gegebenen Möglichkeiten und Anforderungen. Und damit ergibt sich die Freiheit einen Holzvergaser zu bauen wie man möchte und kann. Die Hauptsache ist, man beachtet die Prinzipien.

Die Prinzipien für den „Absteigenden Holzvergaser":

1) Baue den Holzvergaser für einen Brennstoff der Dir in ausreichender Menge und gleichbleibender Qualität zur Verfügung steht.
2) Der Brennstoff muss so trocken und so homogen wie möglich sein
3) Halte Düsendurchmesser, Herddurchmesser, Abstand Düse-Herd und Volumen der Reduktionszone variabel um nachträgliche Feinanpassungen vornehmen zu können. Das ist einfacher und praktikabler als eine Berechnung.
4) Die Reduktionszone braucht Zeit und Hitze. Je höher das Gasvolumen ist, das gefördert werden soll desto größer muss das Volumen der Reduktionszone sein.
5) Zu viel Luft und zu wenig Luft führt zu schlechtem Gas, finde die goldene Mitte
6) Zu kleiner Herddurchmesser bringt große Hitze und schwaches Gas, ein zu großer Herddurchmesser erzeugt Teer.
7) Eine Undichtigkeit führt zu Nebenluft und schlechtem Gas
8) Zu geringe und zu hohe Geschwindigkeit des Gases im Holzvergaser führen zu schlechtem Gas. Finde die goldene Mitte. Bei höherem Bedarf an Holzgas ist der Herd größer zu dimensionieren nicht die Fließgeschwindigkeit des Gases.
9) Sei Dir der Gefahren bewusst und sichere alle Behälter mit Federverschlüssen.
10) Je weniger der Brennstoff von selbst nachrutscht desto schwieriger ist der kontinuierliche Betrieb, mit Staub (Sägemehl, Mehl etc.) funktioniert der Vergaser überhaupt nicht.

Geeignete Motoren für Holzgasbetrieb

Grundsätzlich braucht man natürlich einen Motor für eine Holzgasanlage um die Energie des Holzgases in Bewegung umzuwandeln, die dann zum Beispiel einen Generator, eine Wasserpumpe, eine Mühle usw. antreibt. Sicher könnte man das Gas auch anderweitig nutzen, zum Beispiel zum Kochen in einem Gasherd. Doch so richtig viel Sinn macht das nicht, denn dann bräuchte man eigentlich keinen Holzvergaser zu bauen, sondern könnte die Biomasse direkt in einem Holzofen verfeuern und auf dem Ofen kochen.

Es ist extrem schwer, aus der Energie der Biomasse erst Bewegung und damit dann elektrischen Strom zu erzeugen, die Entwicklung der Dampfmaschine hatte dieses Problem in der Geschichte einst gelöst und eine industrielle Revolution erwirkt. Nun ist die Dampfmaschine aus der Mode geraten, insbesondere wegen der Sicherheit (der sogenannte Kesselzerknall, die Explosion des Dampfkessels hat damals viele Todesopfer gefordert) des schlechten Wirkungsgrades sowie Umweltaspekten, denn die meisten dieser Maschinen wurden mit fossiler Kohle befeuert und nicht mit regenerativer Biomasse. Man kann also sein Holz im Ofen verfeuern und hat es schön warm, man könnte es aber auch mit dem Holzvergaser zu Holzgas umwandeln, anschließend in einem BHKW oder Stromerzeuger verbrennen und hat Strom und Wärme gleichzeitig. Das ist insbesondere dort interessant, wo es keinen Anschluss an das öffentliche Stromnetz gibt und eine Solaranlage nicht die gewünschte Leistung erbringt. Aber je nach Anwendung, kann mit dem Motor auch eine Brunnenpumpe, eine Kornmühle, ein Schleifstein oder Ähnliches betrieben werden, es gibt eine Vielzahl denkbarer Einsatzmöglichkeiten. Also muss ein Verbrennungs-Motor angeschafft werden, entweder ein Benzin- oder ein Dieselmotor. Nachfolgend möchte ich eine kleine Entscheidungshilfe bei der Auswahl der richtigen Motoren geben und unterscheide dabei einige Einsatzgebiete.

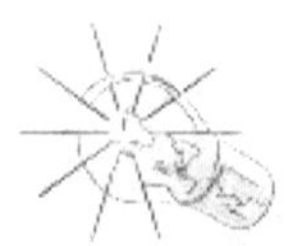 Aufgrund des geringeren Heizwertes von Holzgas gegenüber Benzin- oder Dieselkraftstoff, des geringeren Füllgrades der Zylinder (durch den Strömungswiderstand im Holzvergaser) sowie durch die langsamere Zündgeschwindigkeit muss beim Betrieb mit Holzgas mit einer Verringerung der Motorleistung von 30-50% gerechnet werden.

Benzin-Motoren zur Stromerzeugung

Am bequemsten ist es, sich ein Stromaggregat zuzulegen, denn es ist fertig aufgebaut und betriebsbereit und dazu erstaunlich günstig. Es ist auch mit 2KW Leistung passend zu der Größe und Leistung von kleinen Holzvergasern, denn wir möchten ja kein Großkraftwerk herstellen.

Abbildung 22

Ein solch günstiges Gerät wird natürlich nicht ewig halten, aber meine Erfahrungen mit mehreren günstigen Stromerzeugern verschiedener Hersteller hat gezeigt, dass sie doch erstaunlich haltbar sind, wenn man weiß, wie man sie betreiben und pflegen muss. Ich selbst habe trotz meiner Versuche mit den Holzvergasern, die auch nicht zu jedem Zeitpunkt optimales Gas geliefert haben, noch keines dieser Aggregate zerstört. Der Strom, den diese Geräte liefern, reicht völlig zum Betrieb der meisten im Haushalt vorhandenen Geräte, selbst hohe Anlaufströme liefern sie problemlos und zum Laden von Batterien als Stromspeicher sind sie super geeignet. Empfindliche Geräte, im Prinzip alles das was computergesteuerte Regelungen besitzt, wie Heizungsregelungen, Kaffeeautomaten, moderne Waschmaschinen etc. benötigen allerdings einen reinen Sinus-Strom. Wer also solche sensiblen Geräte damit betreiben will, muss auf die etwas besseren Stromerzeuger ausweichen. Dann hat man durch eine elektronische Regelung, unabhängig von der Drehzahl des Generators, sauberen Sinus-Strom. Dies ist ebenfalls unabdingbar, wenn man den Generator nicht im Inselbetrieb nutzen möchte, sondern mit ihm in ein anderes Netz einspeisen will. Die fertig eingebaute Fliehkraft-Drehzahlregelung der etwas günstigeren oder die Invertertechnologie der hochwertigeren Geräte ist ein wesentlicher Vorteil dieser fertigen Stromaggregate gegenüber einer Eigenbaulösung.

Vorsicht! Wer einen solchen Generator verwendet, handelt natürlich auf eigene Verantwortung, und man sollte die Sicherheitshinweise in der Betriebsanleitung vorher studieren und auch einhalten. Ansonsten ist der Betrieb eines Stromerzeugers meiner

34

Meinung nach recht ungefährlich, nicht umsonst wird er ja tausendfach an Privatleute verkauft. Das Einspeisen in ein fremdes Netz darf allerdings nur vom Fachmann ausgeführt werden und ist insbesondere beim Energieversorgungsunternehmen anzuzeigen. Hier besteht für den Laien höchste Gefahr, nicht nur für das eigene Leben!

Es sind ausschließlich 4-Takt Motoren für unsere Zwecke geeignet, da diese einen eigenen Motoröltank besitzen. Dem Holzgas kann ja vor der Verbrennung kein Zweitaktöl zugemischt werden, so dass Zweitaktmotoren grundsätzlich ausscheiden.

So ein Stromerzeuger ist für den Anfänger und Tüftler in Sachen Holzgas die perfekte Lösung, denn wie schon geschrieben, sind sie robuster als man gemeinhin glaubt, und sollte dann doch mal ein schwerer Fehler das Aggregat zerstören, reißt eine Wiederbeschaffung nicht zu tiefe Löcher in die Bastel-Kasse.

Doch natürlich hat ein solches Aggregat, bzw. der Motor auch Nachteile, die ich nicht verschweigen möchte. Es könnte ja auch sein, dass der Leser zum Beispiel in größeren Dimensionen plant und eventuell daran denkt einen KFZ Motor zu verwenden, dann sollte er ja um die Vorzüge gewisser Dinge wissen und das richtige Modell für seinen Anwendungsfall heraussuchen.

Ein Nachteil ist der Werkstoff Aluminium, aus dem diese Stromerzeuger gebaut werden. Das Metall Aluminium wird von den Säuren angegriffen, die bei der Holzvergasung entstehen und durch den Gasstrom unvermeidbar in den Motor gelangen. Langfristig gesehen werden diese Säuren also zu erhöhtem Verschleiß führen. Wer sich also fragt, aus welchem Material der beste Motor für den Betrieb mit Holzgas besteht: Gusseisen ist die richtige Antwort. Leider sind Motoren, welche komplett aus Gusseisen bestehen wirklich extrem selten geworden, bzw. die Ersatzteilbeschaffung wird langsam schwierig.

Hier erkennt man aber auch gleich eine gute Möglichkeit den mit Holzgas betriebenen Motor vor allzu vielen aggressiven Säuren zu schützen: Die Verwendung von Motoröl mit basisch wirkenden Additiven. Auf der Packung steht dann „Mineralölbasisches Motoröl"

Ein Nachteil ist, dass diese Aggregate auf den Betrieb mit Benzin optimiert sind, man hat also weder eine Auswahl noch eine Änderungsmöglichkeit, was den Hub, die Verdichtung und den Zündzeitpunkt betrifft, letzteres kann man bei den meisten kleinen Stromerzeugern nicht einstellen, weil es mechanisch fest vorgegeben ist. Die Verlegung des Zündzeitpunktes auf „früh" würde der Tatsache der geringeren Zündgeschwindigkeit von Holzgas entsprechen, ist aber nicht unbedingt notwendig (man muss dadurch mit etwa 10% Leistungseinbußen rechnen).

Optimal wäre also ein Motor aus Gusseisen mit viel Hubraum, ein Langhuber mit etwas erhöhter Verdichtung und ein etwas vorverlegtem Zündzeitpunkt (Holzgas verbrennt etwas langsamer als Benzin, deshalb wird der Zündzeitpunkt im Idealfall etwas vorverlegt) ... so etwas ist nicht einfach zu finden.

Aus diesem Grund halte ich ein fertiges Stromaggregat (natürlich auch größere Varianten) für die perfekte Alternative. Denn man hat ein riesiges Angebot und die Preise sind unschlagbar, so dass man die kleinen Nachteile, die ein solches Aggregat mit sich bringt verschmerzen kann. Ich habe bei nahezu allen Versuchen mit Holzgas solche Aggregate verwendet und durchweg positive Erfahrungen gemacht, so dass ich letztendlich bei dieser Variante geblieben bin und Dieselmotoren nur testweise mit Holzgas betrieben habe. Mir ging es ja bei diesem Projekt darum mit Holzgas elektrischen Strom zu erzeugen und nicht den Bau eines BHKW zu beschreiben, wie das funktioniert, kann man in meinem Buch über den Eigenbau von BHKW nachlesen.

Zur Optimierung der fertigen Stromaggregate oder von kleinen Otto-Motoren auf den Betrieb mit Holzgas empfehle ich den Austausch der Standard-Zündkerze gegen eine Marken-Zündkerze mit einem etwas höheren Wärmewert. Zusätzlich wird bei der Zündkerze der Elektrodenabstand um 10% verringert. Zur Kompensation der Säuren wird mineralölbasisches Motoröl genutzt. Wenn es möglich ist, wird der Zündzeitpunkt leicht auf „früh" verlegt.

Dieselmotoren zur Stromerzeugung

Hier gilt im Prinzip das Gleiche, was auch für den Benzinmotor gesagt wurde. Jedoch unterscheidet sich erst einmal die Betriebsart des Dieselmotors mit Holzgas. Der Benzinmotor wird mit Benzin oder Holzgas gestartet und danach nur noch mit Holzgas betrieben. Die Drehzahlregelung sorgt dafür, dass der Motor sich die benötigte Gasmenge aus dem Vergaser saugt und hält die Drehzahl für den Generator konstant. Dieselmotoren können nicht mit reinem Holzgas betrieben werden, sie brauchen ein

36

wenig Dieselöl als sogenanntes Zündöl. Das bedeutet, dass der Dieselmotor mit Dieselkraftstoff gestartet wird und im Standgas läuft. Dann wird in den Ansaugtrakt das Holzgas zugemischt und damit Leistung und Drehzahl des Motors erhöht. Hier zeigt sich schon, dass ein Generator, der von diesem Motor angetrieben wird, unabhängig von der Drehzahl arbeiten können muss, sonst benötigt man eine sehr aufwändige Motor-Drehzahl-Regelung. Auch Dieselstromerzeuger mit Invertertechnologie scheiden hier aus, da mit dieser Technik die Einspritzmenge des Dieselöls reguliert wird und nicht eine Drosselklappe wie beim Benziner. Nimmt man also mehr Strom ab und fordert mehr Leistung vom Motor, würde das Aggregat nicht mehr Holzgas, sondern mehr Diesel einspritzen und verbrauchen, was ja kontraproduktiv ist.

Also ist der Heimwerker hier gezwungen selbst eine Kombination aus Motor und Generator herzustellen, in diesem Fall am besten mit einer großen KFZ Lichtmaschine. Hier sind wir schon ganz nahe an der Konstruktion eines BHKW. Wie man sich eine solche Motor-Generator-Kombination oder gleich ein ganzes Blockheizkraftwerk selbst baut, habe ich in meinem Buch: „Der Energieheimwerker Band 1: Das Mini Blockheizkraftwerk im Eigenbau" ISBN 978-3839112816 ausführlich beschrieben.

Die geeignetsten Dieselmotoren zum Betrieb als Zündstrahlmotor mit Holzgas bestehen also aus Gusseisen. Im Idealfall sind es Langsamläufer und Langhuber, um den Anforderungen an einen Betrieb mit Holzgas am optimalsten zu begegnen. Am ehesten wird man bei Oldtimern fündig, wie bei diesem Motor eines Landrover...

Abbildung 23

Ideale Motoren für Holzgasprojekte sind außerdem Nachbauten der legendären Listermotoren welche unter verschiedenen Firmen angeboten werden (Bsp: Shaktiman, Topland ...) sowohl als Einzylinder als auch als Zweizylinder. Für meine Tests und Recherchen aber natürlich auch um das Tüftlerherz zu erfreuen habe ich mir im Rahmen der Holzgaskonstruktionen solch einen Motor zugelegt. Er erfüllt alle Anforderungen: Komplett aus Gusseisen, Vorkammermotor und damit kann das Zündöl auch Pflanzenöl sein, viel Hubraum, Langsamläufer und eine perfekt von außen manipulierbare Einspritzpumpe um die Menge an Zündöl optimal manuell einstellen zu können. **(Herzlichen Dank für die unkomplizierte Lieferung und super Unterstützung von www.energietechnik-owl.de).**

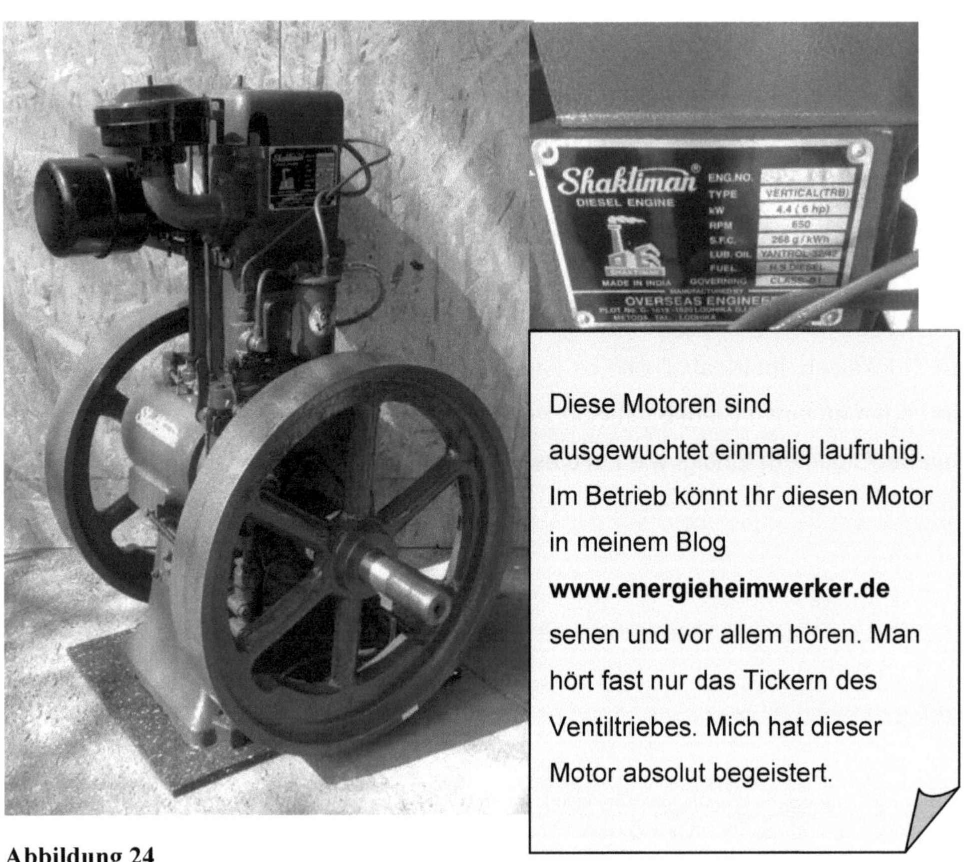

Abbildung 24

Das Besondere an dem Hersteller in Abbildung 24 ist, dass der Motor nicht nur eine gewöhnliche Schleuderschmierung besitzt, sondern mit einer richtigen Ölpumpe die wichtigsten Schmierstellen versorgt. Dieser Motor wurde mit Gewindestangen und als Unterlage einer Gummimatte für Waschmaschinen fest auf dem Betonfundament verankert.

38

Nach dem Auswuchten der großen Schwungräder läuft dieser Motor unglaublich ruhig. Diese Motorenart verfügt über eine sehr hohe Verdichtung, so dass sie keinerlei Zündhilfe wie etwa Glühkerzen benötigt. Auch dies ist perfekt für den Holzgasbetrieb. Etwas Besseres als diese Lister- oder auch Petter-Nachbauten kann man nicht bekommen, die sind viel besser als diese liegenden Einzylinder-Nachbauten aus Asien.

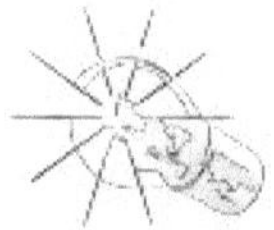

Tipp zum Auswuchten: Wie man in Abbildung 24 erkennen kann, steht der Motor auf einer Gummimatte (diese ist aus geschreddertem Gummi in Baumärkten erhältlich) und ist im Boden mit Betonankern verschraubt. Wenn man nun die Schrauben der Betonanker etwas löst, kann der Motor durch seine Unwucht etwas schwingen. Nun geht man bei laufendem Motor mit einem wasserfesten Faserschreiber von außen langsam an das Schwungrad, bis die Spitze des Stiftes das Schwungrad gerade berührt. Dadurch, dass der Motor durch die Unwucht etwas „eiert" berührt der Stift nur ein Stück des Rades und zwar diesen Teil, welcher durch höhere Masse zum Stift „hin geeiert" ist. Der Strich auf dem Schwungrad markiert nun die Stelle von der aus gesehen genau gegenüber Auswuchtgewichte angebracht werden. Diese sind als Klebestreifen im KFZ Zubehör erhältlich. Dies macht man selbstverständlich an beiden Schwungrädern. Die Große der Unwucht bestimmt das Gewicht der Auswuchtgewichte, die Menge hat man sehr schnell im Gefühl. Man kann anstelle der Auswuchtgewichte auch Neodym-Magnete verschiedener Größe verwenden, die lassen sich sogar in der Position einfach korrigieren.

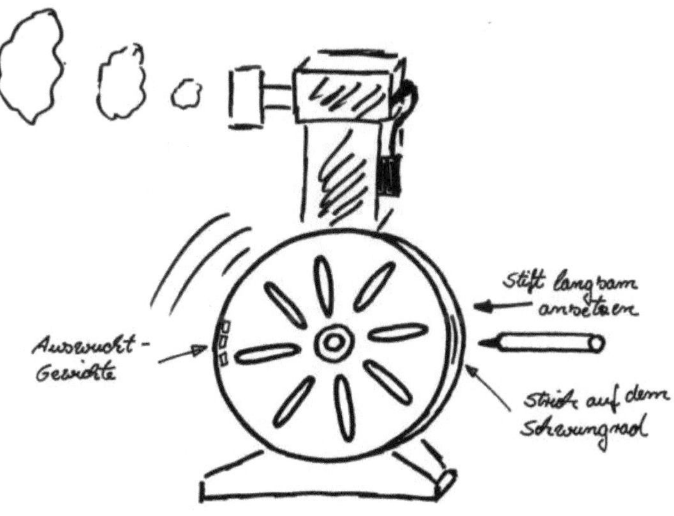

Abbildung 25

Abbildung 26

Die liegenden wassergekühlten Einzylinder

Von diesen Motoren gibt es sehr viele Varianten und einst gab es sie im Internet zu einem Spottpreis zu kaufen. Sie sind Nachbauten legendärer Motoren und verrichten insbesondere in Asien ihren täglichen Dienst sehr zuverlässig. Auch diese Art von Motoren sind für unsere Konstruktionen und für den Betrieb mit Holzgas geeignet. Derzeit gibt es diese Motoren in Deutschland immer noch neu zu kaufen, mit etwas Geduld findet man gebrauchte in einem bekannten Auktionshaus oder den Kleinanzeigen. Wichtig bei der Auswahl ist, dass es sich um einen Vorkammermotor und nicht um einen Direkteinspritzer handelt und der Hubraum möglichst hoch ist.

Abbildung 27

Tipp zur Haltbarkeit der vorgestellten Motoren: Wenn man diese Motoren mit etwas Verständnis für diese Motorentechnik behandelt, halten sie wirklich unglaublich lange. Manche Originale dieser Bauform, verrichten heute noch ihren Dienst, obwohl es auch in ihrer Entstehungszeit noch nicht modernste Materialien, Fertigungsverfahren oder Öle wie heutzutage gab. Doch warum haben einige Anwender aus dem Westen mit diesen nachgebauten Motoren so schlechte Erfahrungen gemacht….

Die Gründe möchte ich hier kurz als Tipps erläutern:

1) Das Öl! In einem solchen Motor hat ein modernes Öl nichts zu suchen! Es geht hier nicht um die Viskosität, sondern es geht um moderne Additive. Diese halten Abrieb und Rückstände in der Schwebe um Ablagerungen zu verhindern. Unser Motor hier hat aber keinen Feinfilter um diese herauszufiltern, wie moderne Motoren und das bedeutet der ganze Dreck wird immer und immer wieder durch den Motor und die Lager geschleudert. So verschleißt der Motor im Zeitraffer. Moderne Öle enthalten reinigende Additive. Wird so ein modernes Öl in den alten Konstruktionen verwendet, ist in kürzester Zeit der Motor undicht, warum nur? Weil bei der Konstruktion dieser Motoren die Ablagerungen als Abdichtung

sozusagen mit eingerechnet wurden. Neue Motoren dieser alten Bauart haben deshalb erst einmal im Neuzustand einen mächtigen BlowBy (Kompressionsverlust an den Kolbenringen, der Verbrennungsgase in das Kurbelgehäuse drückt) dieser wird im Betrieb durch Ablagerungen an den Kolbenringen nach einigen Betriebsstunden immer weniger. Das soll so sein, das ist kein moderner Motor! Also, in einen solchen Motor gehört dreimal hintereinander für jeweils eine Betriebsstunde ein billiges 15W40 Öl zum Einlaufen, welches sofort nach Abstellen des Motors abgelassen wird. Danach gehört für den Normalbetrieb ein unlegiertes oder schwachlegiertes Öl für Oldtimer hinein, mit der Viskositätsklasse welches für die Klimabedingungen am Einsatzort geeignet ist. Ein gutes Öl wäre zum Beispiel ein 20W50 für Oldtimer in den Sommermonaten.

2) Das sind ausdauernde Motoren, welche gerne im Bereich von ¼ bis ½ Last (max ¾ Last) betrieben werden wollen. Das sind Langsamläufer und das ist wörtlich zu nehmen. Wer diese Motoren immer an der Leistungsgrenze betreibt, hat nur sehr kurz Freude an ihnen. Ebenso schädlich sind zu hohe Drehzahlen bei kleiner Last

3) Der Magnet: Mittlerweile gibt es sehr kleine und dazu sehr leistungsfähige Neodym Magnete. Ich „klebe" einen solchen Magneten mit den Abmessungen 20mm x 20mm x 5mm in den unteren Bereich der Ölwanne, nahe der Ölablassschraube wo er nicht stört. In Abbildung 28 habe ich ein Foto von dem Magneten gemacht, und es ist zu erkennen, wie viel Eisenabrieb der Magnet in den ersten fünf Betriebsstunden des Motors aus dem Motoröl gefischt hat. Ein solcher Magnet schützt also wirksam den Motor vor Verschleiß.

Abbildung 28

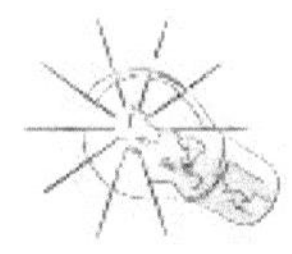

Tipp zur Beschaffung der Motoren

Diese Motoren werden zwar immer noch regelmäßig in einem bekannten Auktionshaus oder an anderen Stellen im Internet angeboten, werden langsam zu einer Rarität. Mir sind zwar derzeit ein paar Quellen bekannt, jedoch kann ich nicht garantieren, dass diese Quellen auch dauerhaft sprudeln und eine Nennung würde dieses Buch sehr schnell veraltet erscheinen lassen. Zum anderen stieg die Nachfrage nach diesen Motoren nach der Veröffentlichung meines BHKW-Selbstbau Buches derart an, dass auch die aufgerufenen Preise proportional zur Nachfrage gestiegen sind.

Kommen nun nach Veröffentlichung dieses Buches neben den BHKW Bauern noch einige Holzgasfans dazu, wird die Situation sicher noch etwas schwieriger werden. Gerne helfe ich unbürokratisch mit einem Tipp zu einem Händler, der zum Zeitpunkt der Nachfrage meines Wissens geeignete Motoren lagermäßig vorrätig hat. Wer sich den eigenen Import zutraut, auf internationalen Handelsplattformen gibt es Motoren dieser Art in Hülle und Fülle. Sicher lassen sich da auch Sammelbestellungen unter Gleichgesinnten organisieren.

Nun gibt es wie schon erwähnt andere Möglichkeiten, irgendetwas mit Holzgas zu betreiben. Man sollte sich nur vorher überlegen, ob es die Kombination aus Motor und angetriebener Einheit nicht schon fertig zu kaufen gibt um den Aufwand der eigenen Konstruktion wesentlich zu vereinfachen. Wer also zukünftig mit Holzgas seinen Schrebergarten mit der Motorwasserpumpe bewässern will, sollte sich eine 4-Takt Motorpumpe zulegen und diese auf Holzgas optimieren. Der schon vorgestellte Häcksler mit 4-Takt Benzinmotor könnte ebenso mit Holzgas betrieben werden, wie auch ein kleines Holzgas-Gokart oder der Rasenmäher. Hier sind dem Heimwerker-Geist also kaum Grenzen gesetzt.

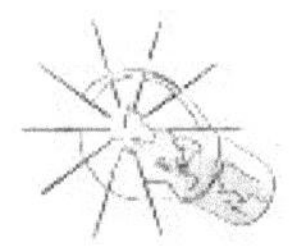 **Wie berechnet man einen Vergaser**

Im Vorfeld ein wichtiger Tipp aus meiner Erfahrung und jahrelanger Recherche zum Thema Holzvergaser. Wenn man unbedingt dem zu bauenden Holzvergaser eine Rechnung zu Grunde legen möchte, der sollte im Internet nach dem PDF der FAO (Food and Agriculture Organisation of the United Nations) mit dem Titel „Wood gas as engine fuel" suchen. Das PDF ist frei downloadbar und enthält sämtliche Informationen die zu einer solchen Berechnung und Dimensionierung eines Holzvergasers notwendig sind. Außerdem ist dieses Dokument eine sinnvolle Ergänzung zu diesem Buch und ich kann die zusätzliche Lektüre sehr empfehlen. Allerdings stützt sich eine solche Berechnung immer nur auf einen anzunehmenden Fall, also angenommene Bedingungen, angenommenen Brennstoff, angenommenen Brennwert, angenommene Leistung des Motors.... Ich empfehle beim Bau des Vergasers mit dem dicken Daumen zu planen und die wichtigsten Parameter flexibel zu halten, um den Vergaser anpassen zu können. Dazu zählen: Düsendurchmesser, Düsenringdurchmesser (bei Verwendung mehrerer horizontal angeordneter Düsen), Abstand Düse zu Herd, Durchmesser der Einschnürung des Herdes, Abstand (und damit Volumen) Herd zu Rost.

Damit der Leser aber dennoch einen Anhalt hat, mit welchen Maßen ich bei meinen Versuchen experimentiert habe und in welchen Dimensionen die hier vorgestellten Vergaser entstanden sind, sieht man in den nächsten Zeichnungen eine Grobbemaßung, einmal für das Modell mit einer Zentraldüse bei Verwendung von Pellets oder ähnlichen Brennstoffen, die zweite Zeichnung für die Verwendung von horizontalen Düsen bei der Verwendung von Brennstoffen größerer Stückgrößen.

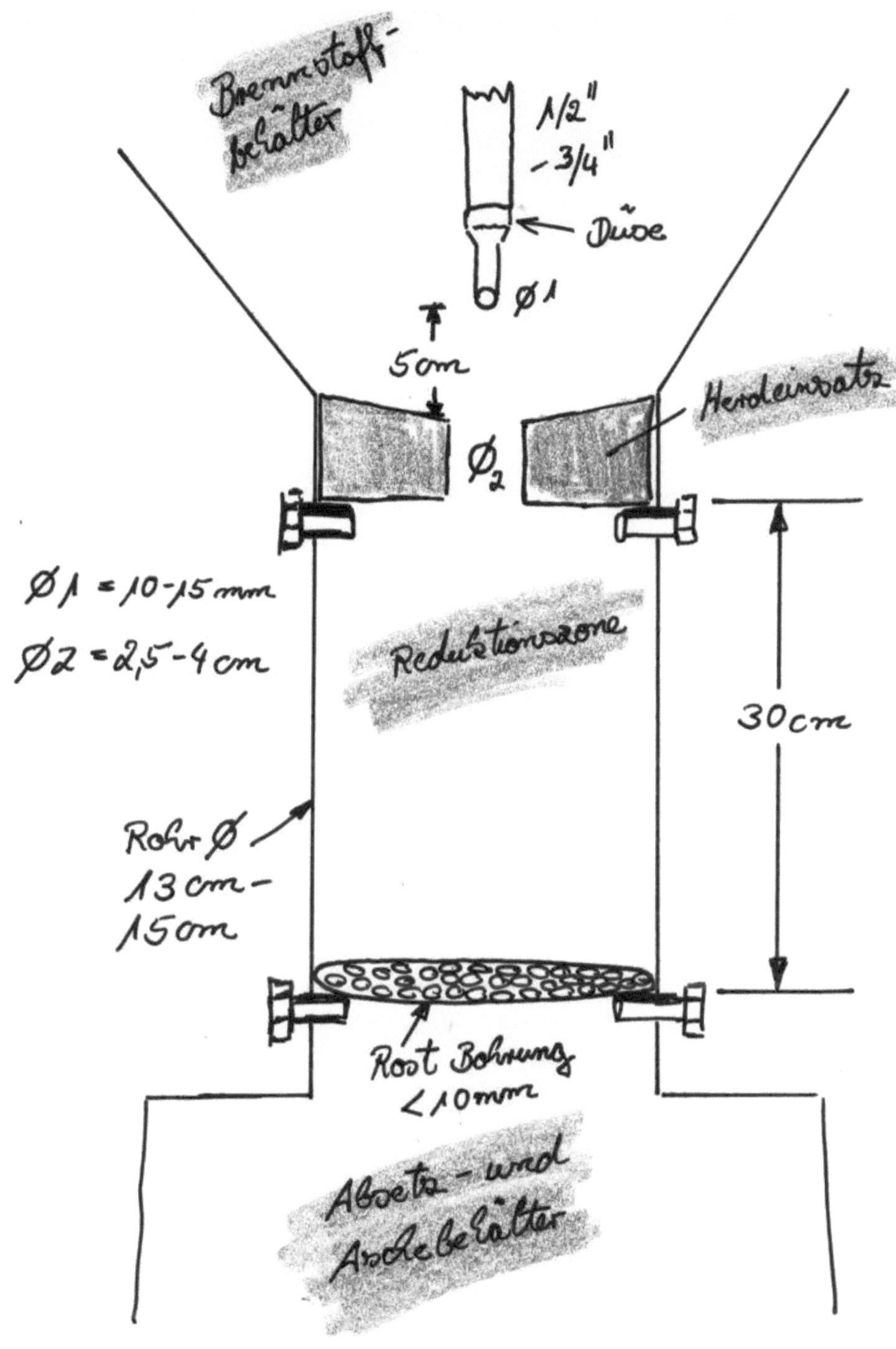

Abbildung 29

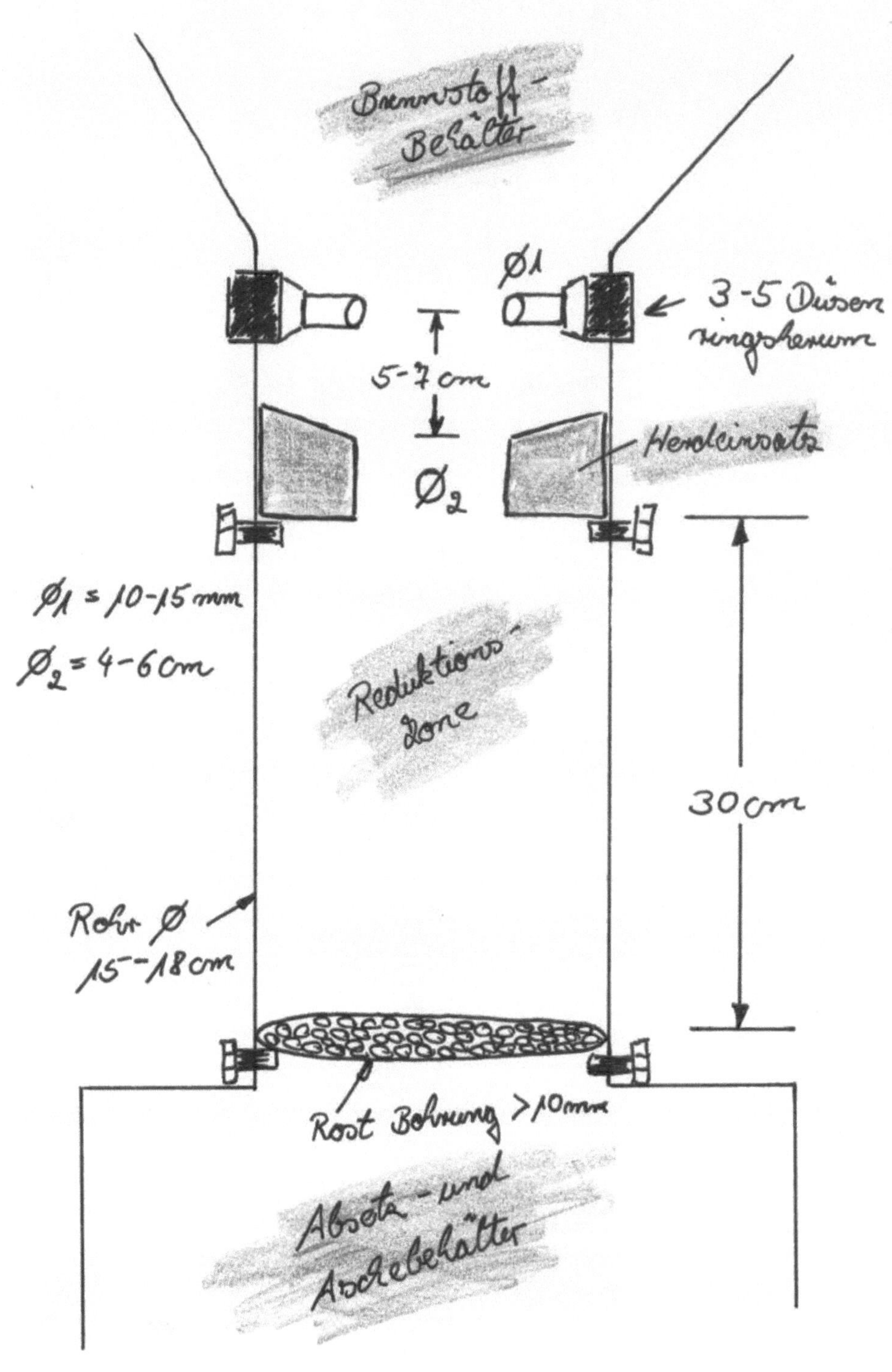

Abbildung 30

Umwelt- und Gesundheitsschutz

Bei der ganzen Freude am Heimwerken sollte man die eigene Gesundheit und auch unsere wundervolle Natur nicht aus den Augen verlieren. Zum Thema Gesundheit hatte ich ja schon gesagt, dass Holzgas sehr giftig ist und unter keinen Umständen eingeatmet werden darf. Alle Versuche und der Betrieb eines solchen Vergasers dürfen nur im Freien bei guter Belüftung stattfinden, aber das sollte sich nach der Lektüre von allein ergeben. Man betreibt ja auch keinen Stromerzeuger in der geschlossenen Garage.

So ein Holzvergaser macht eine Menge Rauch und der Leser sollte sich bewusst sein, dass er nach den Versuchen mit der Holzvergasung wirklich tagelang nach Räuchermännchen riecht, duschen hilft nur bedingt. Da ich den Lagerfeuergeruch liebe hat mich das nie gestört, doch meine Frau hat so manches Mal die Nase gerümpft, was nun nicht gleich eine Gesundheitsgefahr darstellt, doch aber den häuslichen Frieden beeinflussen kann...

Ich empfehle bei den Versuchen Handschuhe zu tragen, denn kommt man mit Holzteerrückständen in Berührung, wird die Haut an dieser Stelle irreversibel braun gefärbt. Waschen - mit egal welchen Mitteln - ist reine Zeitverschwendung. Die Flecken werden erst verschwinden, wenn sich die Haut erneuert hat.

Achtet auf den Explosions- und Brandschutz und geht nicht direkt mit dem Kopf über den Brennstoffbehälter, wenn Ihr ihn zum Auffüllen öffnet.

Ein Umweltproblem stellt das sogenannte Kondensat dar, was sich im Gaskühler bilden kann und entsorgt werden muss (in Abbildung 31 sieht man das Kondensat, welches sich im Kühler gesammelt hat und durch den Hahn abfließt)

Abbildung 31

Dieses Kondensat enthält verschiedene chemische Verbindungen unter anderem Holzessig, weshalb es auch sehr streng nach geräuchertem Fisch stinkt. Bitte dieses Kondensat nicht einfach in die Umwelt entsorgen. Die einfachste Methode der Entsorgung besteht darin, das Kondensat mit Zellstoff, Pellets, Holzbriketts oder ähnlichem aufzusaugen und nach der Trocknung zu verbrennen.

Mein erster Holzvergaser ... es funktioniert!

Im Folgenden möchte ich nun einige meiner Prototypen vorstellen, den Bau und die Besonderheiten beschreiben, denn Bilder sagen oft mehr als tausend Worte. Manche Konstruktionen wurden im Laufe der Zeit verbessert oder auch verändert um zu erfahren, dass man auch mit ganz unterschiedlichen Materialien oder Bauweisen zum Ziel gelangt. Auch hier noch einmal der ganz wichtige Hinweis: Wichtig ist, dass man verstanden hat, wie ein solcher Vergaser funktioniert und nach dieser Erkenntnis Material und Konstruktion auswählt, das betrifft insbesondere den zur Verfügung stehenden Brennstoff, als auch die zur Verfügung stehenden Rohmaterialien und das Werkzeug. Dann gibt es schier endlos viele Möglichkeiten der Gestaltung.

Im Laufe meiner ersten Recherchen zum Thema Holzvergasung hat mich irgendwann der Tatendrang gepackt. Ich wollte nicht mehr länger theoretische Abhandlungen durchforsten nach der allgemeingültigen Anleitung suchen: Wie baut man genau einen Holzvergaser, wie müssen Düsen berechnet werden, welche Konstruktion ist die Beste. Ich wollte endlich einen Holzvergaser bauen und einfach mal sehen was dabei herauskommen würde, ohne Planzeichnung und Berechnung, einfach so. Und ein Stromaggregat sollte natürlich auch mit dem selbst erzeugten Holzgas angetrieben werden.

Abbildung 32

48

Für meinen kleinen Holzvergaser habe ich mich nach einem geeigneten Behältnis für den Brennraum umgesehen. Ein alter, leerer 2kg Feuerlöscher schien mir passend.

Zuerst habe ich den Feuerlöscher in der Mitte geteilt. Der obere, runde Teil wird später den Brennraum bilden.

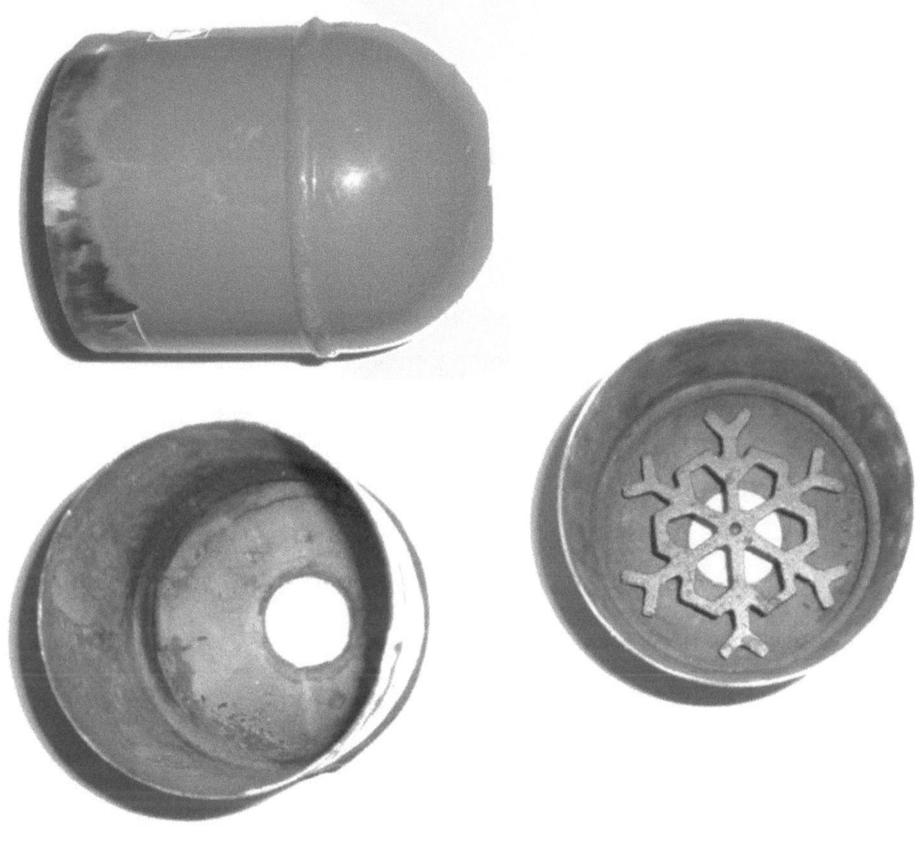

Abbildung 33

In Abbildung 33 sieht man den Brennraum von oben. Unten hinein kommt ein Rost damit der Brennstoff nicht einfach durchfallen kann. Das Rost sollte aus dickem Material bestehen, da es im Betrieb sehr hohe Temperaturen aushalten muss. Dieser Stern aus Gusseisen war perfekt geeignet.

Darüber kommt die Herdplatte. Ich habe diese Platte anfänglich aus einer feuerfesten Vermicuzell Platte hergestellt. Dieses Material wird im Ofenbau verwendet und lässt sich sehr einfach mit einer Stichsäge bearbeiten.

49

In Abbildung 34 sieht man die fertige Herdplatte, leicht trichterförmig ausgeschliffen (mit einem Messer rausgekratzt) mit einer Öffnung von 2,5cm Durchmesser. Die Größe dieser Öffnung ist entscheidend für die einwandfreie Funktion des Vergasers. Es macht Sinn, sich verschiedene Herdplatten herzustellen, welche einen anderen Öffnungsdurchmesser haben. So kann man später testen, welche Öffnung am besten zum eigenen

Abbildung 34

Vergasermodell passen. Ich habe die Erfahrung gemacht, dass ausprobieren in diesem Fall zu besseren Ergebnissen führt, als wenn man Berechnungen anstellt.

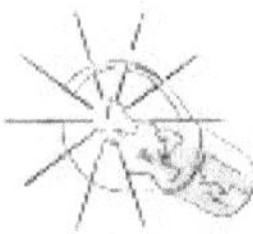

Hier liegt ein Konstruktionsfehler bei meinem ersten Modell vor, denn zwischen der Herdöffnung und dem Rost sollten bei dieser Mini-Größe von Vergaser etwa 10-15cm Platz liegen um den Raum für die Reduktionszone zu bilden. Der Vergaser wird zwar Holzgas liefern, doch es wird durch den fehlenden Reduktionsprozess reich an Teer sein. Hier bei diesem Vergaser ist dieser Platz zwei Finger hoch, also deutlich zu klein.

Abbildung 35

50

Dann wird die Herdplatte wie im rechten Bild in den Brennraum gesetzt. Beim Betrieb des Vergasers stellte sich das verwendete Material Vermicuzell jedoch als offensichtlich völlig ungeeignet heraus, denn nach den ersten Versuchen war die Öffnung in der Herdplatte bereits stark geschmolzen. Das kann man in Abbildung 36 gut erkennen.

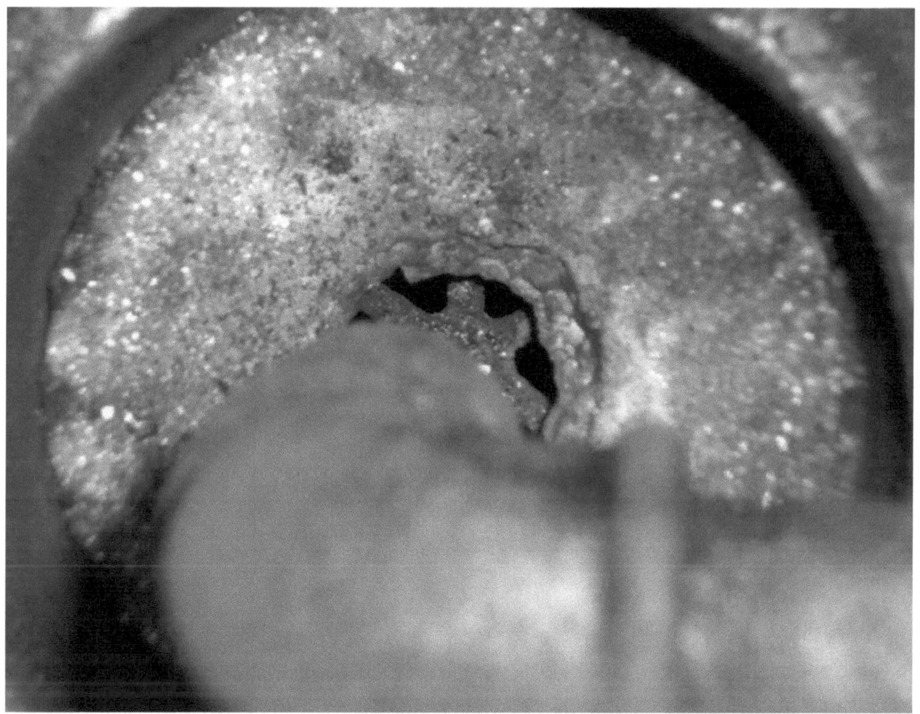

Abbildung 36

Ich habe dann erst einmal eine neue Herdplatte aus Stahl gefertigt, das funktionierte, hatte aber den Nachteil, dass ich damit keinen Trichter ausbilden konnte. Im Laufe der vielen Versuche hat sich dann schlussendlich eine Herdplatte aus Gasbeton als das beste Material herausgestellt.

Der Brennraum wird nun auf eine Stahlplatte geschweißt, in welche vorher eine Öffnung in der Größe des Brennraums geschnitten wurde. An besten fertigt man das Loch mit einem Brennschneider, ich habe es mit einer Stichsäge und einem Metallsägeblatt ebenfalls hinbekommen.

Abbildung 37

Ein Stück Ofenrohr mit 150mm Durchmesser bildet den äußeren Mantel des Brennraumes. Dieser Mantel erhält noch die Öffnung durch die später das Holzgas entweichen kann. Dazu habe ich ein Stück ½ Zoll Wasserrohr verwendet, so dass später direkt ein Gewinde außen vorhanden ist.

Jetzt wird der Brennraum mit der Stahlplatte in das Ofenrohr gesteckt, so dass die Stahlplatte am Rand des Ofenrohrs bündig abschließt. Stahlplatte und Ofenrohr werden dicht verschweißt, das überschüssige Material der Stahlplatte abgeschnitten.

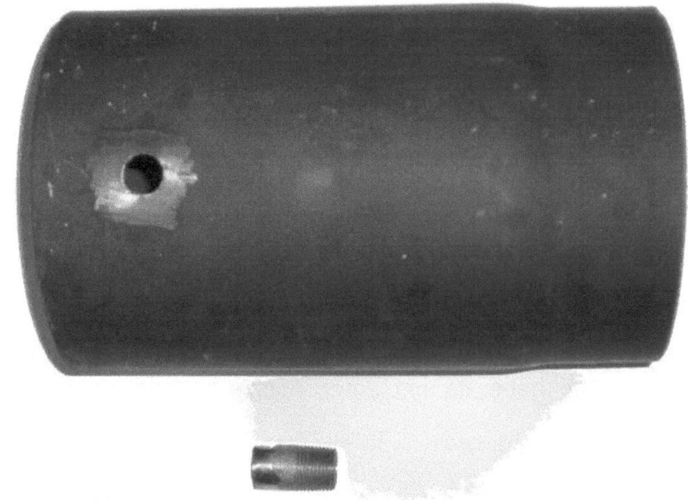

Abbildung 38

Abbildung 39

So sieht nun der Brennraum mit der Außenhülle und dem Gasanschluss aus. Links in Abbildung 39 blickt man von oben in den leeren Brennraum.

Die Düse zur Frischluftzufuhr in den Brennraum wird ebenfalls aus Teilen des Sanitärzubehörs gebaut. Hier ½ Zoll Wasserrohr, ein Winkel und die eigentliche Düse aus einem Teil einer Edelstahlkupplung, erhältlich im Druckluftzubehör-Sortiment. Hier kann man ebenso andere Dinge verwenden, die gerade verfügbar sind, nur aus Edelstahl sollte die Düse unbedingt bestehen, denn diese Teile sind besonders thermisch belastet.
Normaler Stahl würde sehr schnell verzundern und verbrennen.

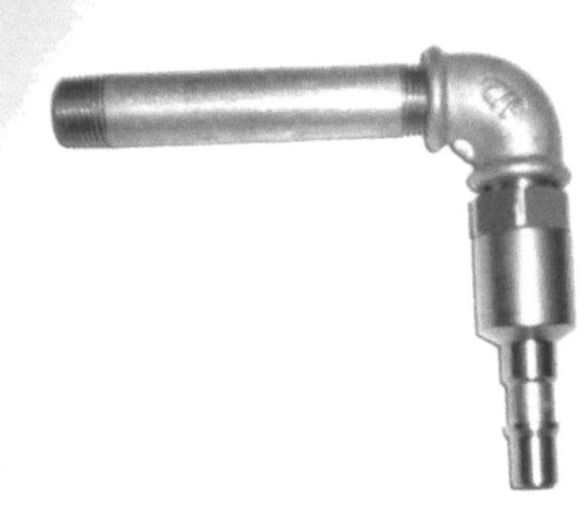

Abbildung 40

(Edelstahl Schlauchtüllen sind super geeignet und in vielen Größen erhältlich). Diese zusammengesetzte Bauweise hat den Vorteil, dass man später mit verschiedenen Düsenlängen und Düsenformen experimentieren kann. Denn auch die Düse ist ein Herzstück des Vergasers und beeinflusst die Funktion erheblich. Zusätzlich wird der Austausch defekter Teile vereinfacht, wenn man auf Standard-Teile zurückgreift.

Diese Düse wird in ein weiteres Stück Ofenrohr eingeschweißt, welches den oberen Teil des Holzvergasers und damit den Behälter des Brennstoffes bildet.

Abbildung 41

Dieses Stück Ofenrohr wird nun mit dem unteren Teil, welches bereits den Brennraum (also den Herd) beinhaltet, dicht verschweißt. In Abbildung 42 sieht man beide Teile fertig zusammengefügt (Die Düse und Herdplatte wurden für die Zeit der Montage entfernt).

Abbildung 42

54

Ein weiteres Stück Ofenrohr habe ich auf eine Stahlplatte geschweißt, die den Fuß des Holzvergasers bildet. Seitlich kommt eine verschließbare Öffnung dran. Das ist die Wartungsklappe zum Reinigen und Entfernen der Asche. Das Vergaseroberteil wird nun mit diesem Fuß dicht verschweißt.

55

Abbildung 43

Abbildung 44

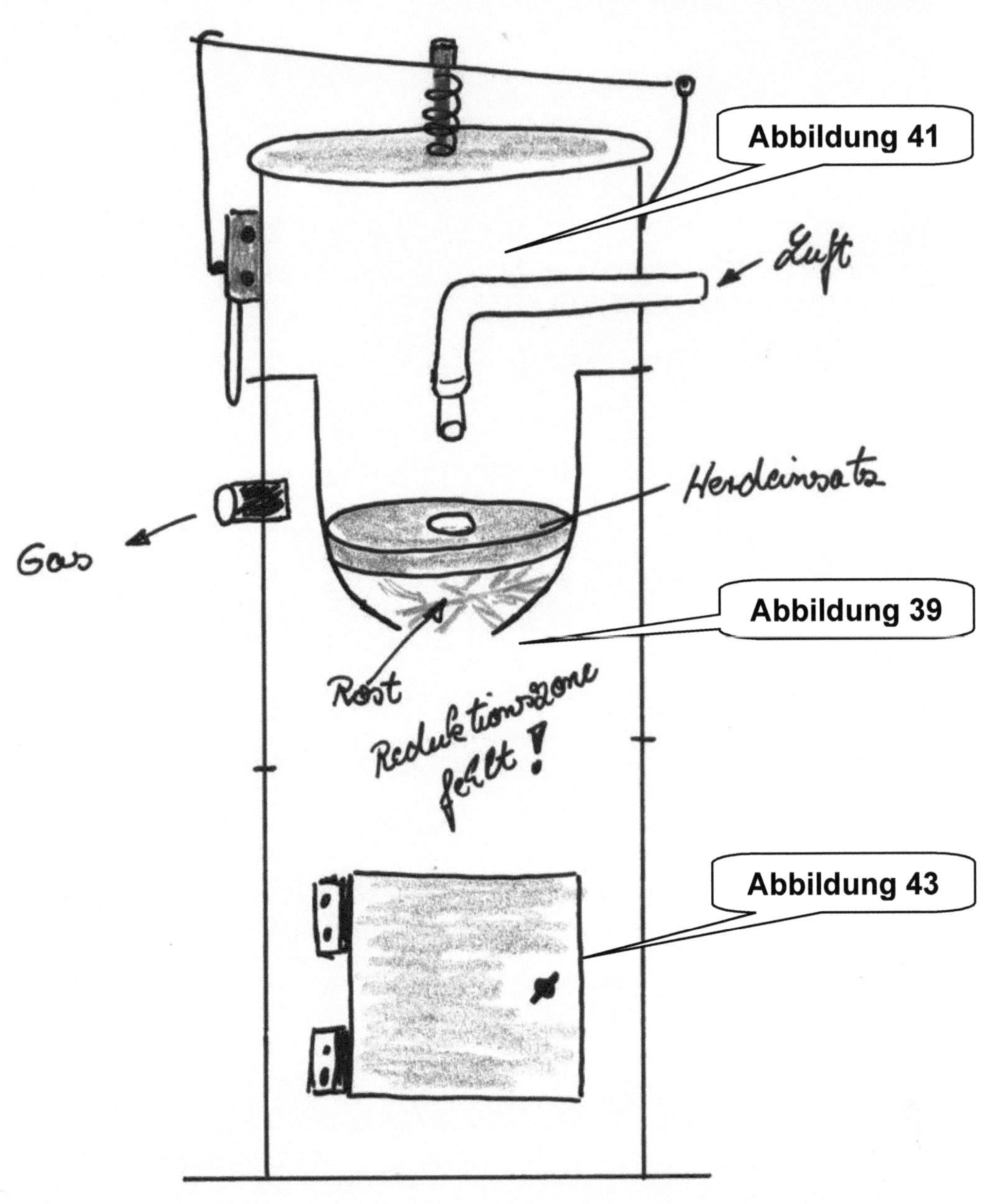

Abbildung 45

Das Vergaseroberteil, also der Behälter für den Brennstoff erhält nun einen Deckel. Im Vergaser kann es zu Verpuffungen durch Rückzündungen kommen. Damit der Vergaser dabei nicht explodiert, wird der Deckel mit einer Druckfeder an den Behälter angestellt. Kommt es nun zu einer Verpuffung, öffnet sich der Deckel und lässt den Überdruck kontrolliert entweichen. Auch hier sieht man herkömmliche Materialien. Ein Stück Rundstahl auf den Deckel geschweißt, eine Feder, eine Unterlegscheibe und einen Splint oben. Der Bügel oben ist mit einem Scharnier seitlich am Vorratsbehälter befestigt, besitzt eine Bohrung für das Rundeisen in der Mitte des Deckels und an der anderen Seite sitzt der Verschlussbügel.

Damit ist der „Reaktor" nun fertig gestellt, es folgt der Gaskühler. Diesen stellen wir uns aus einem Kupferrohr aus dem Sanitärhandel her. Für dieses Modell nutzen wir den Innendurchmesser von 18mm mit einer Länge von 2m.
Die eine Seite des Rohres quetschen wir mit einer Zange zu und füllen daraufhin trockenen Sand in das Rohr, bis es vollständig gefüllt ist. Danach wird das obere Ende ebenfalls mit einer Zange zu gequetscht. Nun kann das Rohr zum Beispiel um ein Ofenrohr in Spiralform gebogen werden ohne dass es knickt. Hat der Kühler die gewünschte Form erreicht. Werden die Enden mit der Metallsäge wieder geöffnet und der Sand entleert. Die Enden erhalten nun Lötmuffen mit ½" Gewinde zum Anschrauben an den Vergaser und auf der anderen Seite an den nun folgenden Gasfilter.

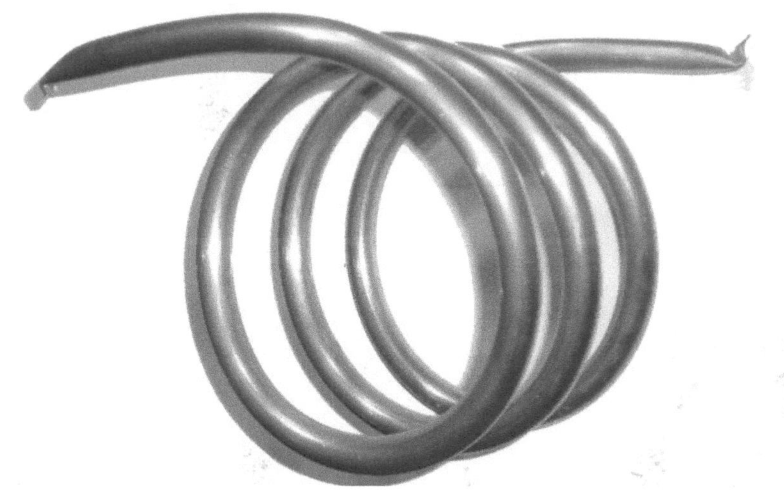

Abbildung 46

Den Gasfilter kann man sich sehr einfach aus einem Metalleimer herstellen, wirklich gut geeignet sind dafür solche Spannringeimer. Diese lassen sich gut bedienen und sind vom Material her dicker. Der Filter braucht selbstverständlich auch eine Explosionsschutz-Vorrichtung. In Abbildung 48 sieht man den hier in diesem Beispiel verwendeten Ascheeimer, der Deckel ist mit Federdruck geschlossen, so dass er bei einer Verpuffung den Überdruck in die Umgebung entlassen kann. In Abbildung 47 sind einige Beispiele solcher „Explosionsschutzeinrichtungen" dargestellt.

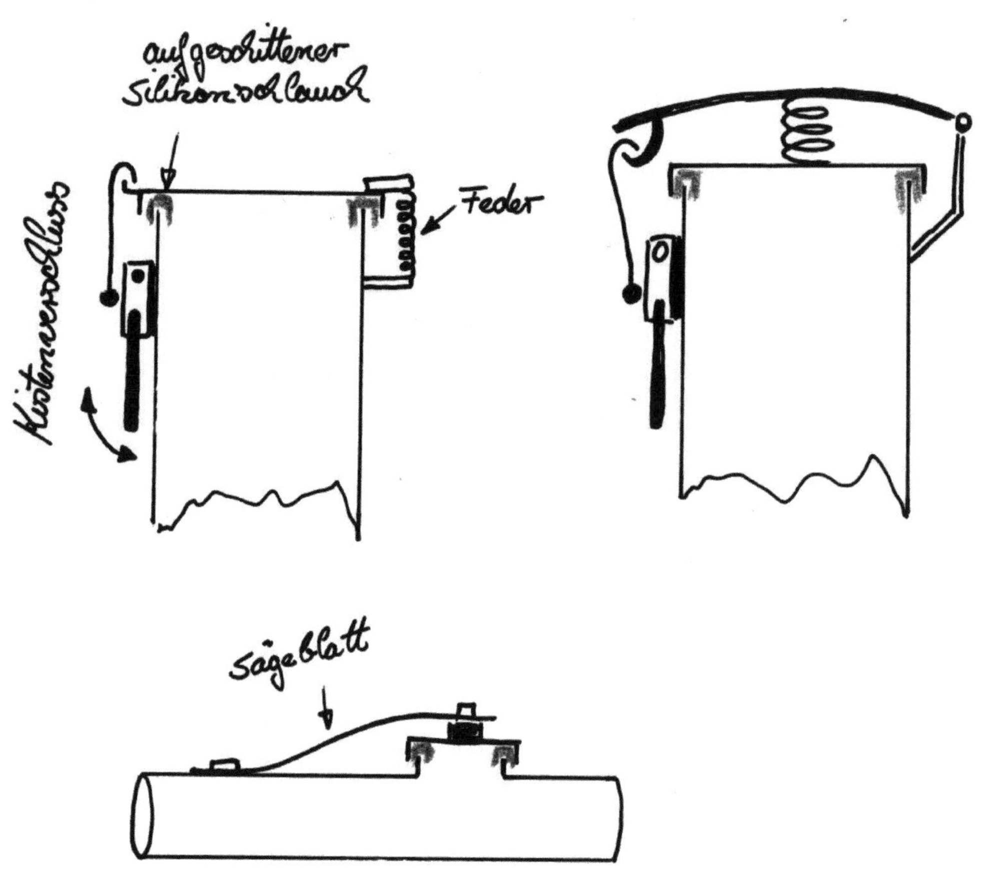

Abbildung 47

58

In diesem Fall hatte ich den Gas-Anschluss unten an den Eimer aufwändig hartgelötet und mir dann für die nächsten Projekte eine einfachere Methode zum Verschrauben überlegt.

Abbildung 48

Tipp: Verschraubung an den Eimer: Man benötigt einen Stufenbohrer um ein Loch gewünschter Größe in den Eimer zu bohren und aus dem Sanitärzubehör sogenannte Klemmringverschraubungen und Hahnverlängerungen. Das Loch unten im Eimer wird mit dem Stufenbohrer gerade so groß gebohrt, dass das Gewinde der Hahnverlängerung durchgeschoben werden kann, auf der anderen Seite wird nun die Klemmringverschraubung fest aufgeschraubt, als Dichtmittel dient Hanf, welcher mit hitzebeständigem Silikon eingeschmiert wurde.

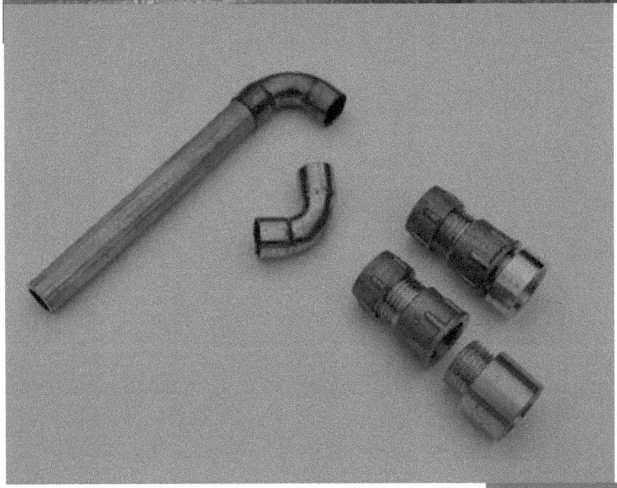

So kann man Kupferrohre aus dem Sanitärzubehör ganz einfach dicht verbinden und vor allen Dingen auch wieder ganz leicht demontieren.

Abbildung 49

Innen im Eimer soll ein kleines Metallgitter verhindern, dass das eingefüllte Filtermaterial den Gasanschluss verstopft.

Abbildung 50

Abbildung 51

Als nächstes benötigt die Konstruktion einen Gasmischer mit dem man das Holzgas mit der richtigen Menge an Frischluft mischen kann, so dass man ein zündfähiges Gemisch erhält. Für die Konstruktion eignen sich wieder Rohre und Kugelhähne aus dem Sanitärhandel bestens. Für die motorische Verwendung ist ein Gas / Luft Gemisch von etwa 50:50 passend.

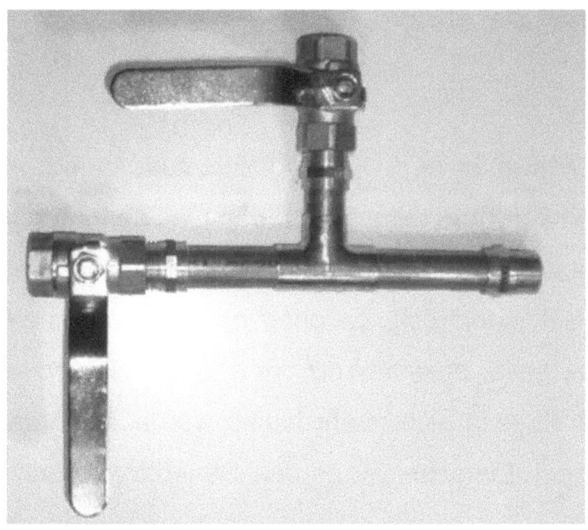

Abbildung 52

Abbildung 53

In Abbildung 54 sieht man den Vergaser des Stromaggregates, nachdem ich den Luftfilter abgenommen habe. Der Holzvergaser soll ja einen eigenen Luftfilter bekommen, so dass wir den (im Übrigen sehr minderwertigen) Luftfilter des Motors nicht weiter benötigen. Der Vergaser bleibt aber montiert und das hat gute Gründe. Der erste ist, dass man mit Hilfe des Vergasers dem Motor ein Reinigungsadditiv zuführen kann, der zweite, dass man den Generator auch mit Benzin oder Additiv starten kann um einen Sog aufzubauen, der den Vergaser anfacht.

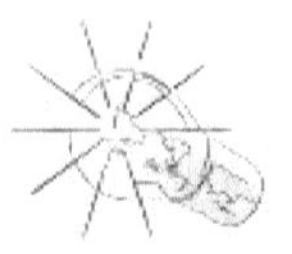 Tipp: Startet man den Holzvergaser muss man irgendwann den Moment abpassen von dem man glaubt, das Gas sei nun gut genug (siehe Kapitel „Beurteilung der Flammenfarbe"), dass der Generator damit läuft. Ab da hat man nur wenige Sekunden Zeit, da ohne den Sog des laufenden Generators die Verbrennung im Holzvergaser zusammenbricht und das Gas so schlecht wird, dass der Generator dann damit ohnehin nicht mehr laufen würde. Die Versuchsorgie kann dann mitunter zermürbend sein. Einfacher ist es den Generator einfach mit Benin zu starten,

das Holzgas langsam zuzumischen und dann das Benzin abzudrehen und den Generator mit Holzgas weiterlaufen zu lassen.

Abbildung 54

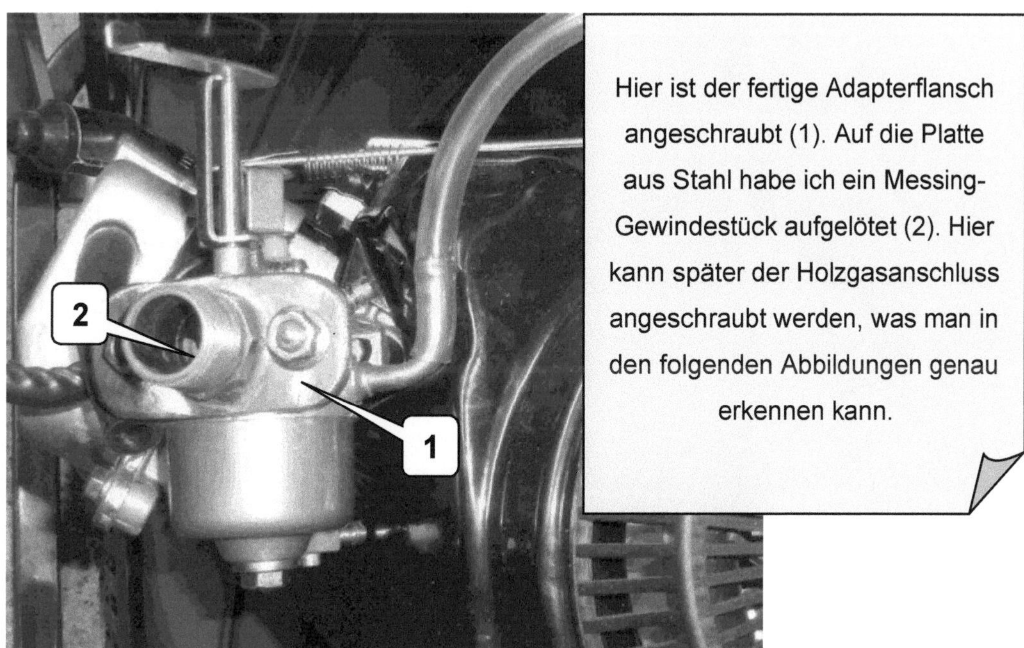

Abbildung 55

63

Der dritte Grund den originalen Vergaser beizubehalten ist, dass die Drosselklappe im Vergaser durch Drehzahl des Motors gesteuert wird. Das Gestänge mit den Federn kann man oberhalb des Vergasers erkennen. Das ist wichtig, damit der Generator mit einer konstanten Drehzahl läuft und sauberen Strom abgeben kann. Ohne die Drosselklappe könnte man die Drehzahl des Generators mit dem Holzgas kaum regulieren und die Spannung des Generators würde unzulässig schwanken.

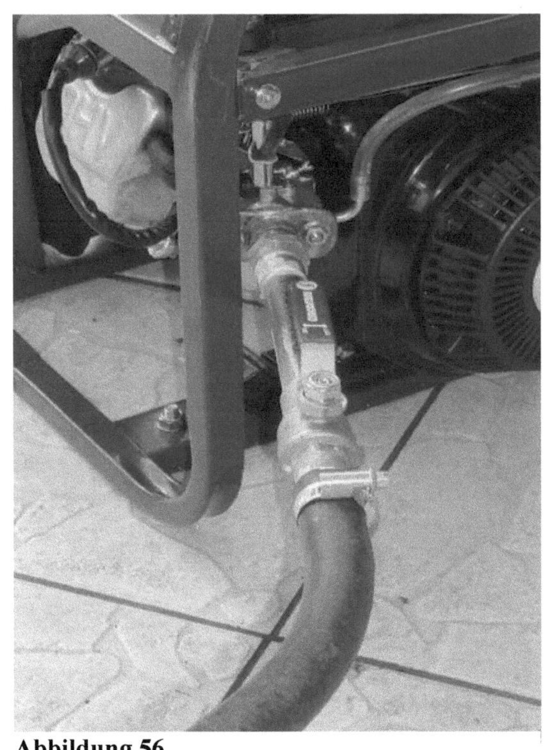

Abbildung 56

Abbildung 57

Für den Anschluss eines flexiblen Gasschlauchs an den Vergaser habe ich mir ein Verbindungsstück hergestellt, in diesem Fall aus mit Silberlot hartgelötetem Kupfer und einem Kugelhahn wie auf dem Bild zu sehen. Als Verbindungsschlauch vom Gasmischer zum Motor habe ich einen KFZ Kühlwasserschlauch benutzt, sowas gibt es als Meterware, er ist bis zu einem gewissen Grad hitzebeständig und flexibel genug um die Schwingungen des Generators abzufangen.

Die Temperaturen vom Holzgas sind an dieser Stelle nie mehr als 100°C, so sollte es zumindest sein, wenn der Gaskühler groß genug dimensioniert ist. Man merke: Durch das Abkühlen zieht sich das Holzgas zusammen und besitzt mehr Energie pro Volumeneinheit.

Die Beurteilung der Holzgasflamme

Durch die Färbung der Holzgasflamme kann man auf die im Gas enthaltenen brennenden Bestandteile schließen, so dass man anhand der Flammenfarbe sehr gut feststellen kann, in welchem Betriebszustand der Vergaser welche Bestandteile erzeugt und ob er gutes sauberes Gas liefert.

Wichtig bei der Beurteilung der Flammenfarbe ist, dass das Gas bereits gefiltert sein muss, denn Asche und Staub enthalten Salze und diese können Flammen einfärben und das Ergebnis beeinträchtigen bzw. eine visuelle Bewertung der Flamme unmöglich machen. Das kann man sehr schön testen indem man in die Flamme eines Feuerzeugs eine Kupferfolie hält...die Flamme wird sich grün einfärben. Anders ist es, wenn man Speisesalz in die Flamme hält, dann wird sie sich durch das enthaltende Natrium gelb einfärben.

Vorsicht, eine Holzgasflamme aus gutem Gas ist am Tage meistens fast unsichtbar. Das führt oft zu einer Verbrennung der Finger oder von Haaren weil man die Gefahr der Flamme nicht erkennen kann. Größte Vorsicht im Bereich der Fackel!

Da, wie schon gesagt, die Holzgasflamme am Tage nahezu unsichtbar ist, bietet sich für die Beurteilung der Flammenfarbe die Dämmerungs- und Nachtzeit an.
Ein heller bis weißer Flammenfuß ist ein Zeichen für brennenden Wasserstoff, ein erwünschter Bestandteil von Holzgas.
Ist der Flammenfuß allerdings milchig weiß handelt es sich um Wasserdampf. Das ist ein Zeichen für feuchtes Brennmaterial.

Ist die Gasflamme an sich leuchtend Blau, dann ist dies ein sehr gutes Zeichen, dann nämlich besteht das Gas im Wesentlichen aus CO (Kohlenmonoxid), genau der Bestandteil, den wir im Holzgas haben möchten. Ebenso ist diese blaue Farbe der Beweis dafür, dass im Holzgas kein Teer mehr enthalten ist und der Vergaser perfekt funktioniert. Teer wäre der unerwünschte Bestandteil im Holzgas. Er zeigt, dass der Vergaser nicht richtig arbeitet, insbesondere die erforderlichen Temperaturen im Herd und der Reduktionszone nicht erreicht werden.

Eine rosa Flamme enthält Methan, ebenfalls ein erwünschter Bestandteil.

Ist die Flamme allerdings gelblich-orange zeigt dies, dass im Gas Kohlenwasserstoffe mit längeren Ketten enthalten sind, je intensiver das Gelb-Orange wird umso länger sind die Kohlenwasserstoffketten. Das zeigt, dass Teer enthalten ist.

Teer ist der schlimmste Feind des Holzvergasers, denn er verharzt einfach alles und zerstört in der Folge den Motor. Teer ist ein Zeichen für falschen oder schlechten Brennstoff, eine falsche Vergaserkonstruktion sowie für zu geringe Temperaturen im Vergaser.

Abbildung 58

Abbildung 59

Abbildung 60

Abbildung 61

Abbildung 62

Abbildung 63

Abbildung 64

Abbildung 65

Ich hatte ja anfangs schon erwähnt, dass mein erster Vergaser, wie er hier dargestellt wurde zwar funktioniert hat, allerdings aufgrund der falsch dimensionierten Reduktionszone kein teerfreies Gas produzieren konnte. Dies und die Folgen werden in Abbildung 66 sehr deutlich. So sah der Vergaser nach einer halben Stunde mit Holzgasbetrieb aus.

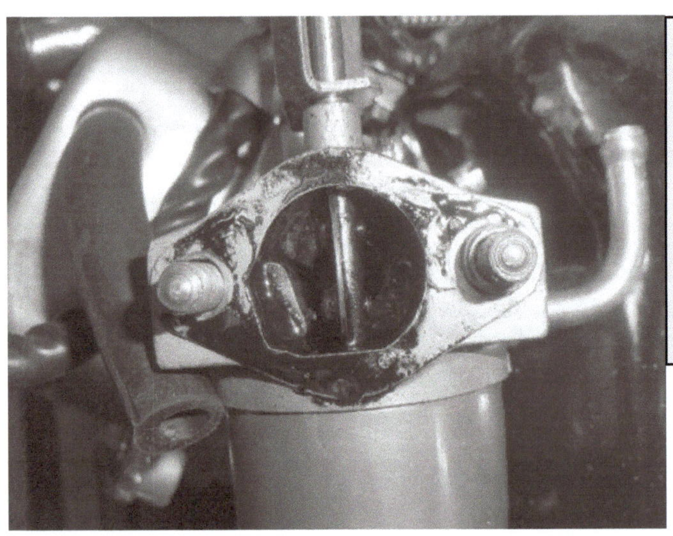

Abbildung 66

70

Es war viel Arbeit, den Vergaser und die Drosselklappe wieder vom Teer zu befreien. Ich empfehle nach der Konstruktion des Holzvergasers diesen so lange zu optimieren und zu testen, bis er wirklich gutes Gas liefert und dann erst einen Motor anzuschließen. Ich konnte es halt nicht abwarten, ob das Stromaggregat mit dem Holzgas funktionieren würde und musste deshalb Lehrgeld zahlen.

Der Gasmischer

Der Gasmischer dient zum einen für den Anschluss des Startgebläses als auch dem Vermischen des Holzgases mit der korrekten Menge an Luftsauerstoff. Prinzipiell handelt es sich dabei um die Gasleitung zum Motor in die ein T-Stück mit zwei Kugelhähnen eingesetzt wird. Der eine Kugelhahn zeigt zum Motor, der andere zum Startgebläse. Zum Anfachen wird nun der Kugelhahn zum Motor geschlossen, der zum Gebläse komplett geöffnet. Jetzt saugt das Gebläse das Gas aus dem Vergaser und facht diesen an, bis gutes brennbares Gas entweicht, das zum Starten des Motors verwendet werden kann. Dazu wird nun, nachdem das Gebläse abgeschaltet ist, der Kugelhahn zum Motor geöffnet und der zum Startgebläse zu zwei Drittel geschlossen und der Motor so schnell wie möglich angelassen. Dabei muss mit dem Kugelhahn etwas „gespielt" werden um den richtigen Öffnungsgrad und somit die richtige Gasmischung einzustellen. Startet der Motor innerhalb einer Minute nicht, muss erst einmal wieder der Vorgang mit dem Startgebläse wiederholt werden, damit der Vergaser wieder gutes Gas liefern kann.

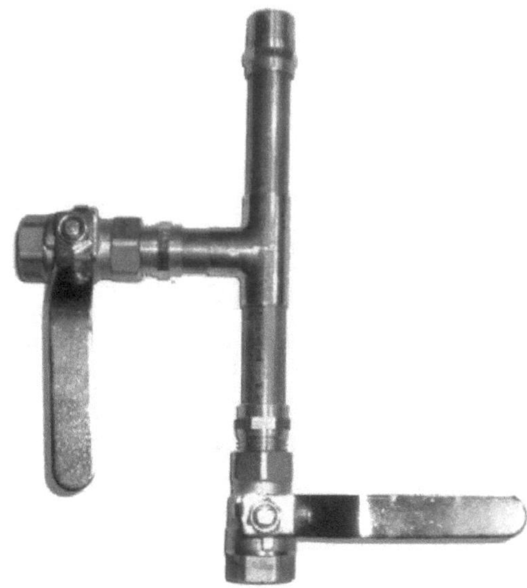

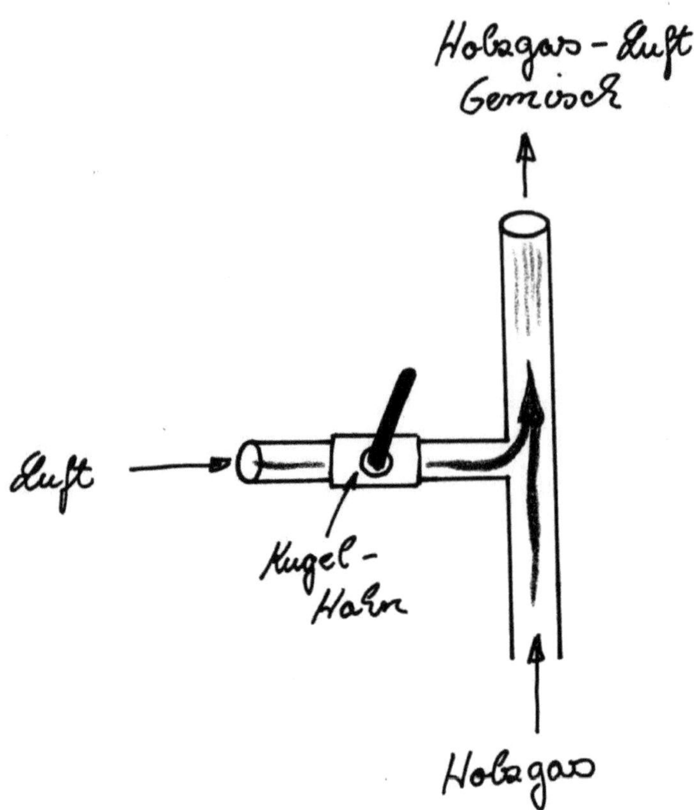

Abbildung 67

Die Gasreinigung

Die Filterung des Holzgases vor der Verwendung in einem Verbrennungsmotor ist obligatorisch. Das Filtermaterial muss hierbei verschiedene Aufgaben erfüllen. Erstens sollte es einen Teil des Wasserdampfes auffangen können,

der im Trocknungsprozess des Brennstoffes entsteht. Der im Gas enthaltene Wasserdampf ist hinderlich für eine gute Verbrennung. Zweitens muss das Filtermaterial Staub und Teer aus dem Gas zuverlässig herausfiltern. Beide Stoffe schädigen einen Verbrennungsmotor erheblich.

In den früheren Holvergasern hat man als Filtermaterial ausschließlich Holzwolle verwendet, meine Versuche damit waren aber nicht wirklich zufriedenstellend. Ich gehe einfach davon aus, dass in der damaligen Zeit einfach kein geeigneteres Material zur

Verfügung stand. Jedenfalls war die Holzwolle sehr schnell gesättigt, die Filterleistung gerade bei Staub bescheiden und es war auch gar nicht so einfach genügend Holzwolle zu beschaffen.

Nach vielen Versuchen haben sich Tonkugeln für Hydrokulturen sowie Stein- und Glaswolle (Dämmmaterial im Hausbau) sowie einige Filtermaterialien aus dem Teichbau (Schaumglas) als perfekt geeignet erwiesen.

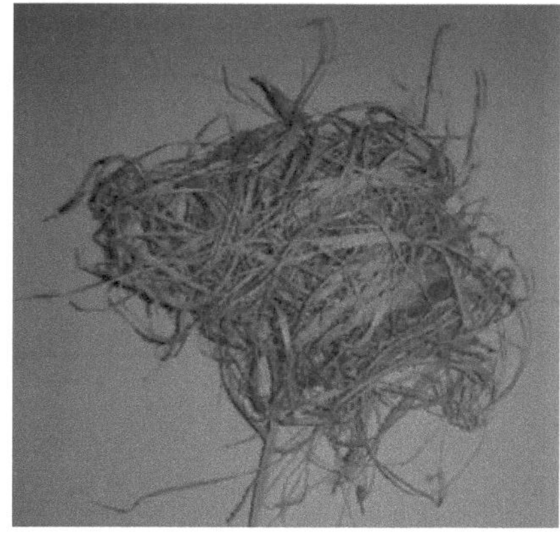

Abbildung 68

Bei problematischem Brennstoff (also mit hoher Restfeuchte) ist eine Filterschicht aus Salztabletten von Wasserenthärtungsanlagen geeignet, die sowohl Wasser, als auch dadurch den Teer herausfiltern.

Man kann auch das Gas mit einem sogenannten Zyklonfilter reinigen. Wenn man Glück hat, findet man einen solchen Filter gebraucht aus dem KFZ- oder Industriezubehör. Diese Filter sind klein, sehr leistungsstark und kommen ohne Filtermedium aus, man muss aber einen gewissen Volumenstrom erzeugen, damit der Filter seine Leistung entfaltet. Für kleine Anwendungen wie diese hier ist der Zyklon wenn nur als Vorfilter geeignet.

Glas- oder Steinwolle eignet sich hervorragend als Filterschicht im Holzvergaser. An den feinen Fasern wird Kondenswasser, Teer und Staub gebunden. Das Material ist günstig und einfach zu beschaffen, da oft Reststücke am Bau anfallen.

Abbildung 69

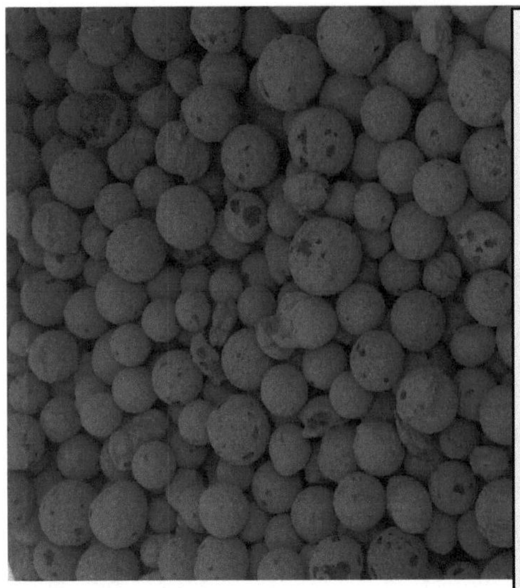

Abbildung 70

Diese Tonkugeln werden in Hydrokulturen eingesetzt, weil sie in der Lage sind, sich mit Wasser vollzusaugen. Diese Eigenschaft macht sie zu einem guten Filtermaterial, denn an den Kugeln werden die unerwünschten Bestandteile des Holzgases zuverlässig abgeschieden. Ist die Filterleistung erschöpft, kann man die Kugeln mit Hitze (alten Topf ins Feuer stellen) leicht regenerieren und wiederverwenden. Das gleiche gilt für sogenannten Schaumglas-Schotter.

Gaswäsche

Eine andere Methode das Holzgas zu reinigen ist die sogenannte Gaswäsche. Dabei wird das Gas nicht gefiltert, sondern durch einen Behälter mit RME/PME

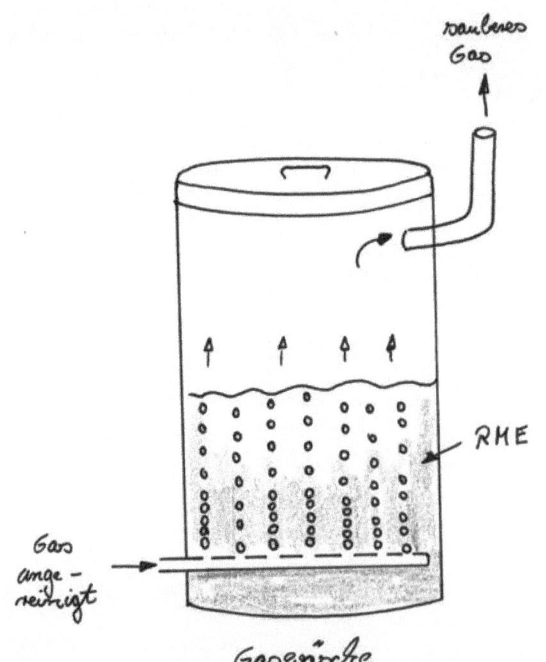

Abbildung 71

(Rapsmethylester/Pflanzenölmethylester oder Biodiesel) geleitet und dadurch gewaschen. Hierbei wird Teer und Staub zuverlässig entfernt und die Flüssigkeit ist sehr lange als Reinigungs-Medium einsetzbar.

Ein ganz heißer Tipp: Ölbadluftfilter aus älteren Fahrzeugen oder Baumaschinen eignen sich hervorragend und sind gebraucht sehr günstig zu bekommen. Als Filteröl eignet sich auch hier RME/PME oder Pflanzenöl.

Teerablagerungen beseitigen / Additiv zur Motorreinigung

Den originalen Vergaser des Motors hatte ich belassen, denn die mit der Fliehkraftregelung verbundene Drosselklappe hat gute Dienste geleistet, was die selbständige Drehzahlregelung des Motors betraf. Nun bringt der Vergaser einen weiteren Vorteil, denn wir können durch ihn auf die ganz normale Weise (also den Weg, den früher das Benzin genommen hat) dem Motor ein reinigendes Additiv zuführen. Bei den Versuchen rund um die Holzvergasung habe ich so manche Gegenstände mit Teer verschmutzt und viele Mittelchen ausprobiert bis ich dann schließlich ein gutes Reinigungsmittel gefunden hatte. Es besteht aus:

80% Isopropanol
10% Biodiesel
10% Benzin

Anstelle des Isopropanols und Benzins kann man auch E85 nehmen, wenn man in der Nähe eine Tankstelle dafür hat. Biodiesel bekommt man nicht mehr an öffentlichen Tankstellen, doch meist ist pflanzliches Lampenöl reiner Biodiesel...da steht dann PME (Pflanzenölmethylester) oder RME (Rapsmethylester) drauf. Ich beziehe so meinen Anteil für das Additiv immer aus einem bekannten Drogeriemarkt als Lampenöl.

Dieses Gemisch ist sowohl dazu geeignet Teer verschmutze Teile zu reinigen, als auch den Motor als Additiv von innen zu säubern (aber leider nicht für die Haut). Dazu braucht man einen kleinen Tankbehälter und den Tankhahn vom original Tank des Stromerzeugers (oder man belässt den Originaltank). Der Behälter wird mit dem Additiv gefüllt und vor dem Abstellen des Generators wird der Tankhahn geöffnet und der Motor ein paar Minuten mit diesem Additiv laufen gelassen.

Ein weiterer Vorteil dieser Konstruktion ist, dass man den Motor auch mit diesem Additiv starten kann und dann den laufenden Motor mit Ruhe vom Additiv zum Holzgas umschalten kann. Das Starten mit reinem Holzgas klappt nämlich nicht immer zuverlässig bei den ersten Versuchen und das Zeitfenster für die Startversuche ist klein, da der Prozess im Vergaser ohne Gebläseunterstützung ins Stocken gerät. Läuft aber der Motor bereits, kann man langsam die Versorgung mit Holzgas öffnen und die Versorgung mit Additiv schließen, dabei fungiert der Motor selbst die ganze Zeit als Sauggebläse und feuert so den Vergaser an.

Das Teerproblem und Katalysatoren

Für die Reduktion und ihre chemischen Prozesse werden etwa 500-800°C benötigt. Werden die Temperaturen nicht erreicht, leidet die Qualität des Holzgases und es kann zu erhöhter Teerproduktion im Vergaser kommen. Bei meinen hier vorgestellten Vergasern habe ich die Erfahrung gemacht, dass besonders die kleinen Vergaserkonstruktionen dieses Problem haben. Durch den geringen Energieeintrag des kleinen Herdes und der großen Außenfläche im Verhältnis zum Volumen kühlen diese Vergaser zu schnell ab oder kommen erst gar nicht richtig auf Betriebstemperatur.

Folgende Umstände fördern zusätzlich die Entstehung von Teer:

1) Zu feuchter Brennstoff. Das enthaltene Wasser kühlt den Prozess.
2) Zu geringer Düsendurchmesser / fehlender Sauerstoff im Prozess.
3) Feinanteile im Brennstoff, diese verfüllen die Hohlräume und sorgen so dafür, dass der Sauerstoff nicht alle Stellen erreichen kann.
4) Bei horizontalen Düsen, zu großer Düsenringdurchmesser, der Sauerstoff kommt nicht bis ins Zentrum.
5) Zu grober Brennstoff
6) Zu feiner Brennstoff
7) Zu hohe Fließgeschwindigkeit des Gases durch die Reduktionszone, die Stoffumwandlung benötigt Zeit.

Es gibt zwei zusätzliche Möglichkeiten dem Vergaser zu helfen:

1) Die Isolation des Herdes und der Reduktionszone führt zu deutlich höheren Temperaturen und kann so die Qualität des Holzgases signifikant verbessern. Bei meinen Versuchen ist Glaswolle an der Oberfläche des Vergasers einfach verschmolzen, offensichtlich waren die Fasern einfach zu fein. Steinwolle hatte keine besonders lange Standzeit und ist einfach zerbröselt. Das beste Ergebnis habe ich mit sogenannten Schweißmatten erzielt, sie isolieren gut, sind strapazierfähig, langlebig und relativ günstig.

2) Die Nutzung eines Katalysators setzt die für die chemischen Vorgänge erforderlichen Temperaturen herab und erreicht so auch ein gutes Holzgas bei bereits deutlich niedrigeren Temperaturen. Der Geheimtipp in diesem Fall ist Olivinsand, welcher als Sandstrahlmittel erhältlich ist und eingestreut in die Reduktionszone als Katalysator fungiert. Nachteil hierbei ist, dass der Katalysator sich zwar nicht verbraucht, doch kaum aus den Verbrennungsrückständen recycelt werden kann. Dadurch muss dieser Katalysator kontinuierlich dem Brennstoff zugeführt werden, was die Betriebskosten des Holzvergasers deutlich erhöht. Ein weiterer funktionierender Katalysator ist Dolomitkalk, durch das enthaltene Magnesiumhydroxyd, welches ebenfalls katalytisch wirkt.

Verschiedene Holzvergasermodelle und Konstruktionen

In dem nächsten großen Teil dieses Buches möchte ich Euch nun gerne verschiedene meiner Konstruktionen einmal vorstellen und die Einzelheiten erklären. Wie man dabei sehen kann, gibt es eine Vielzahl von Möglichkeiten einen solchen Vergaser zu konstruieren. Viele Dinge vom Schrottplatz lassen sich für ein zweites Leben im Holzvergaser super verwenden, es lohnt sich also die Augen offen zu halten.

Holzvergaser mit Zentraldüse Modell 1

Abbildung 72

Abbildung 73

Abbildung 74

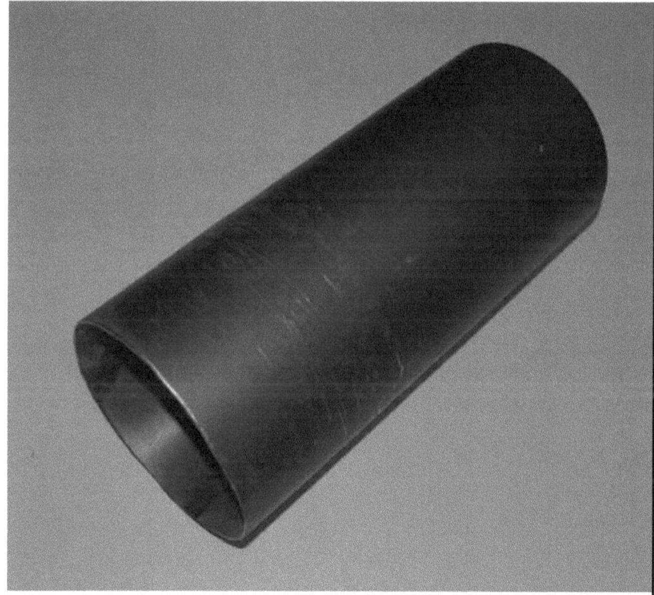

Abbildung 75

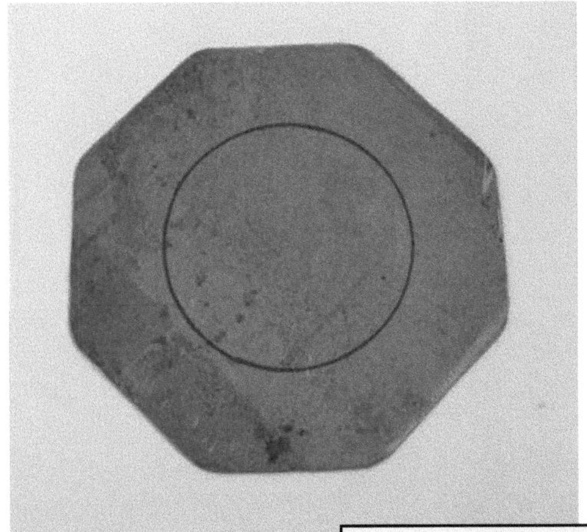 

Abbildung 76

Abbildung 77

80

Das Rohr erhält nun Bohrungen. Diese nehmen später die Halterungen für den Herd und das Rost auf. In welchem Abstand diese gebohrt werden ist Erfahrungssache. Man kann anfangs mehrere Bohrungen anbringen um sowohl Rost als auch Herd in der Höhe als auch vom Abstand zueinander variieren zu können.

Abbildung 78

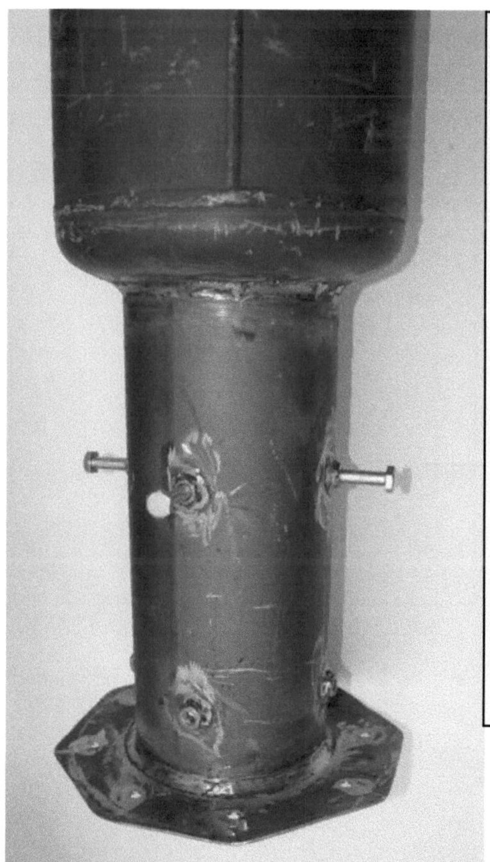

Für die Halterungen wurden auf den Bohrlöchern von außen Muttern aufgeschweißt und dann lange Schrauben eingedreht, so dass sie ins Innere des Rohres ragen und als Auflage für den Herdeinsatz und das Rost dienen können. Zur Variabilität können mehrere solcher Bohrungen angefertigt werden, dann kann das Rost und der Herdeinsatz in der Höhe und in ihrem Abstand variiert werden. Die nicht genutzten Bohrlöcher werden einfach mit Schrauben dicht verschlossen.

Abbildung 79

Abbildung 80

Fertigung des Deckels für den Brennstoffbehälter. Auf der einen Seite benötigt man eine Art nachstellbares Scharnier. Der Vorteil ist, dass man damit später Höhenunterschiede ausgleichen kann, und so eine sich setzende Dichtung auch noch dicht bekommt. Die andere Seite erhält einen Bügel für den Federverschluss.

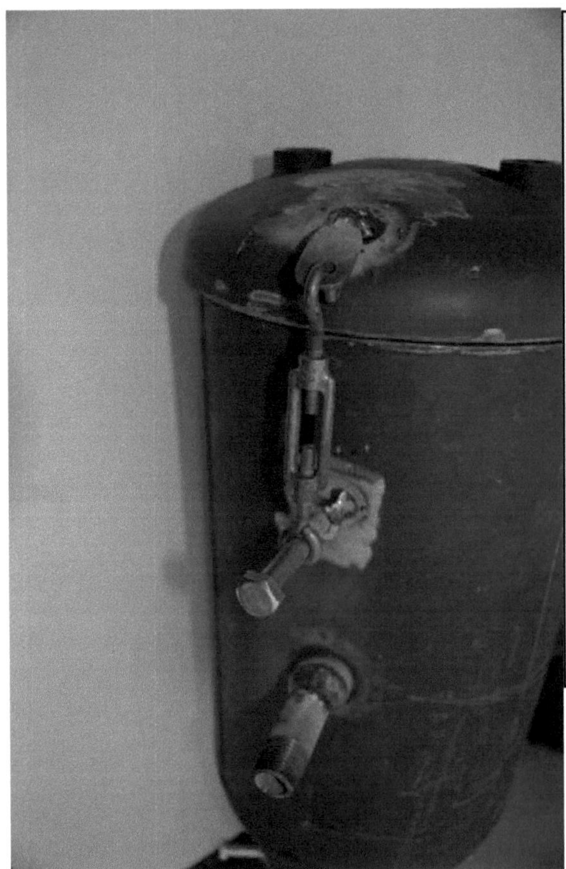

Abbildung 81

Hier sieht man den Brennstoffbehälter mit aufgesetztem Deckel. Das nachstellbare Scharnier wurde aus einem Seilspanner konstruiert. Im unteren Bereich erkennt man den Lufteintritt aus einem ¾ Zoll Rohr aus dem Sanitärbereich.

82

Abbildung 82

Abbildung 83

Abbildung 84

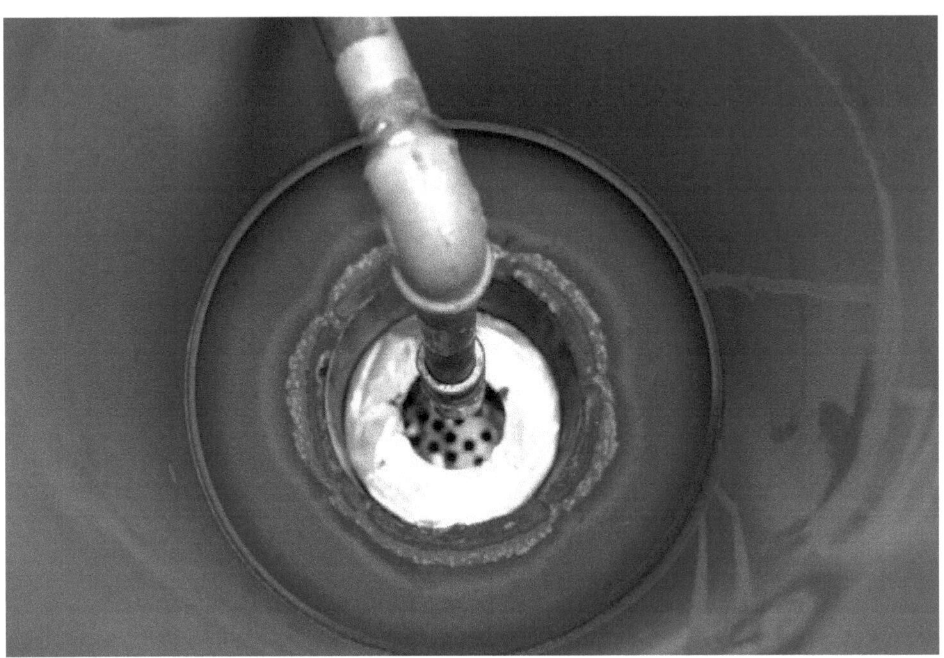

Abbildung 85

Als Dichtung für den Brennstoffbehälter habe ich der Länge nach aufgeschnittene Silikonschläuche verwendet, welche ich mit Hochtemperatur-Silikon (aus dem Ofenbau) jeweils auf die Kante von Brennstoffbehälter und Deckel geklebt habe.

Abbildung 86

Als Gaskühler eignen sich eine Menge Dinge, auch ein übrig gebliebener Heizkörper. Der hat den Vorteil, dass die Anschlüsse wieder das Gewinde von Sanitärrohren haben und sich damit gut verbinden lassen. Auch hat der Heizkörper oben und unten Anschlüsse, was das Ablassen von Kondenswasser erleichtert.

Abbildung 87

Abbildung 88

Abbildung 89

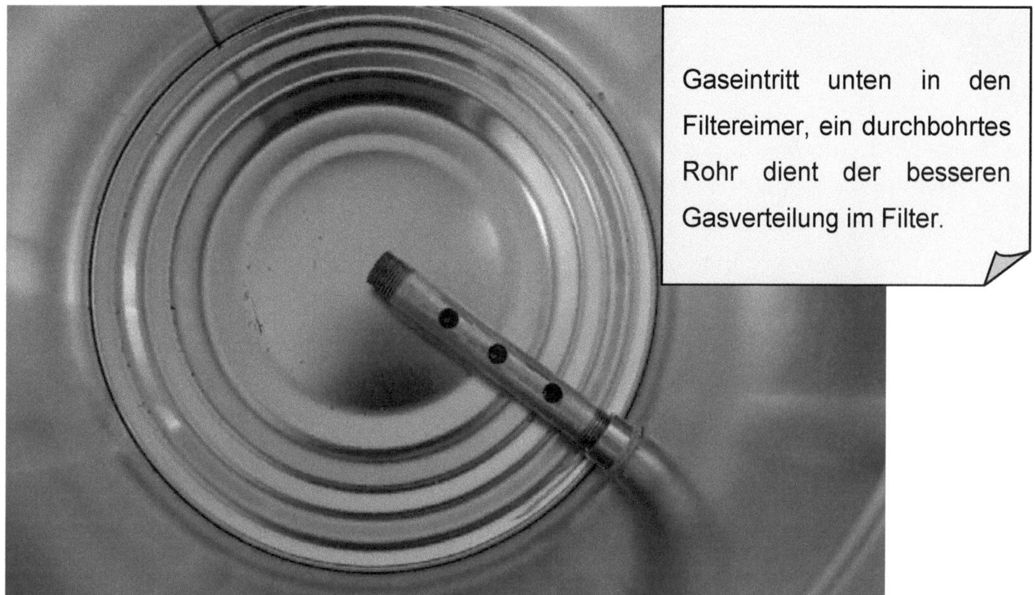

Abbildung 90

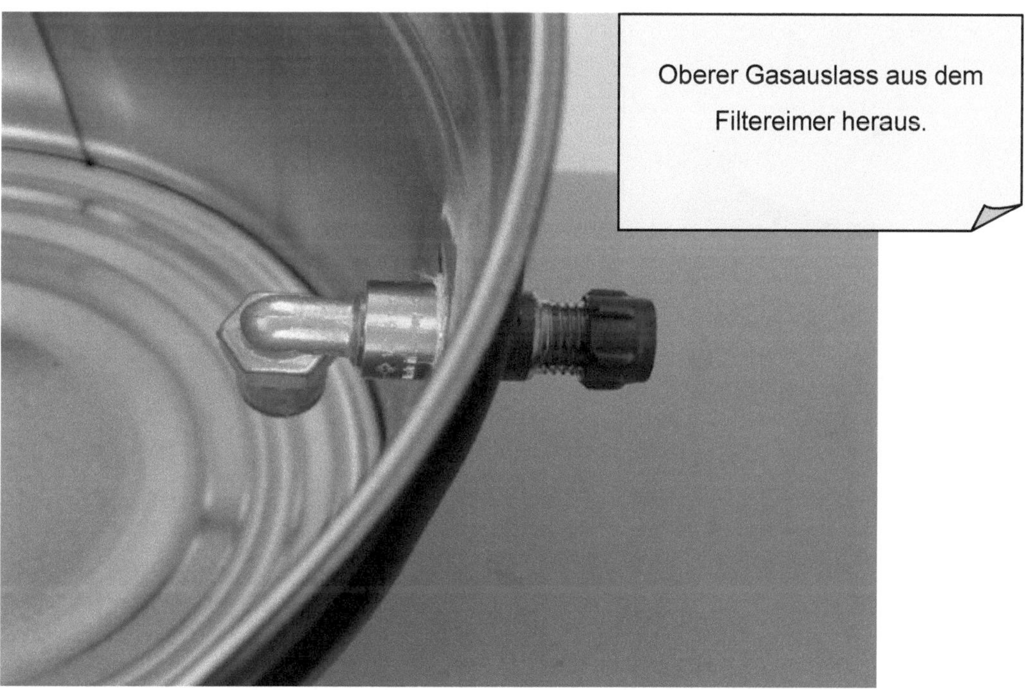

Abbildung 91

Abbildung 92

Abbildung 93

Einfaches aber effektives 12V Startgebläse, welches zum Aufblasen von Planschbecken und Co gedacht ist. Es ist leider etwas laut. Gute und leise Radiallüfter aus Metall, die für diesen Zweck geeignet sind kommen aus dem Heizungs- und Schmiedebedarf, sind allerdings kostspielig.

Abbildung 94

Der Vergaser wird angefacht indem der Herd mit kleingestoßener Kohle bis kurz über den Düsenrand gefüllt wird. Dann wird die Kohle mit einem Anzünder belegt und das Gebläse eingeschaltet. (elektrisch lässt sich der Vergaser mit einer Glühkerze aus einem Dieselauto ebenfalls wunderbar starten)

Abbildung 95

Abbildung 96

Abbildung 97

90

Vergaser mit Zentraldüse Modell 2 und Betrieb eines Stromerzeugers

Abbildung 98

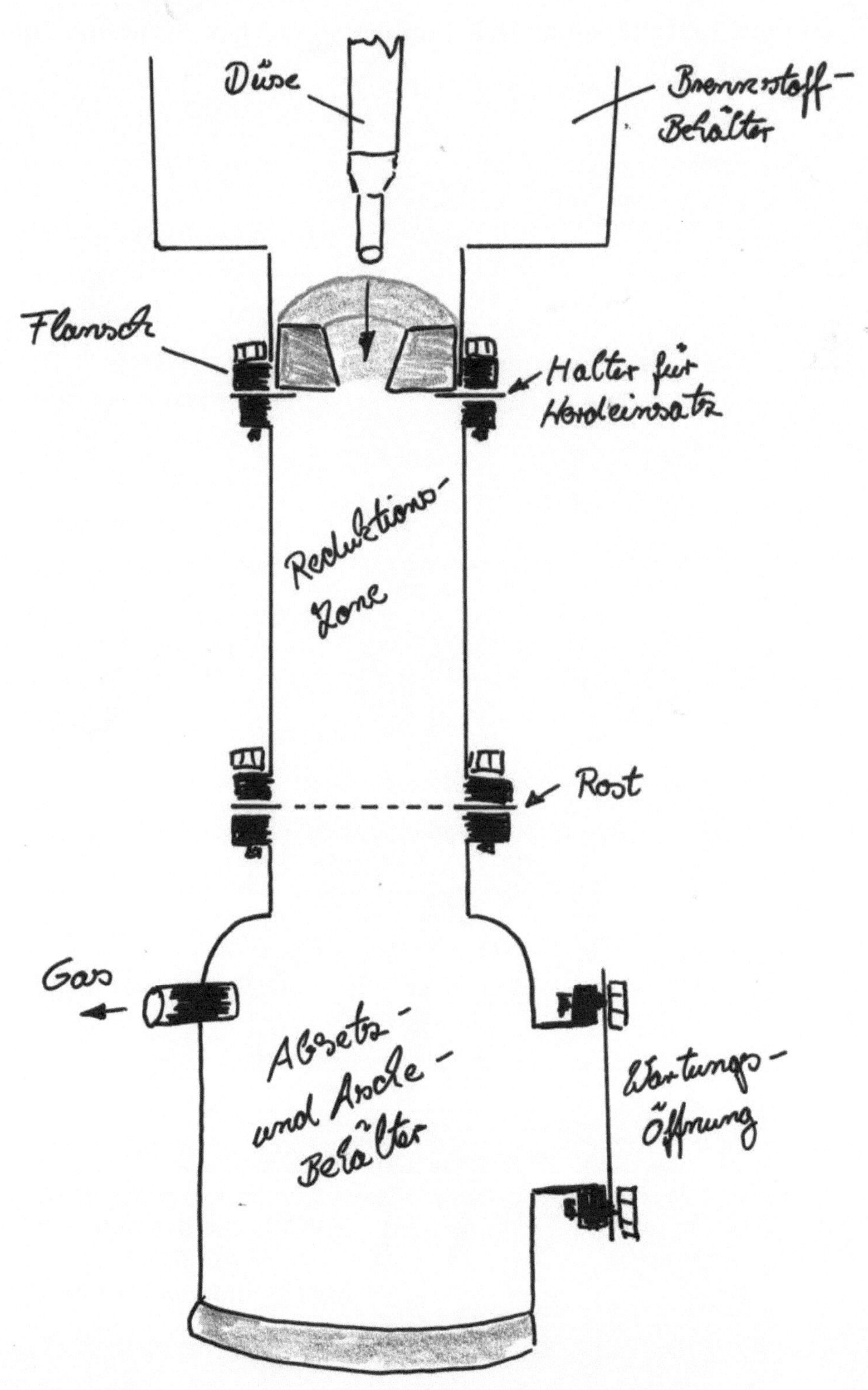

Abbildung 99

Der Absetzbehälter, hergestellt aus einer Propangasflasche. Angeschweißte Flansche mit Rohrstück unten seitlich als Reinigungsöffnung, oben zur Aufnahme des Herdelementes. Gasauslass ist hergestellt aus ¾" Sanitärrohr und wurde seitlich angeschweißt.

Abbildung 100

Blick in den vorbereiteten, derzeit noch leeren Brennstoffbehälter, der auch in diesem Fall aus einem Druckluftbehälter besteht. Im unteren Bereich erhält auch er einen mit einem Rohrstück aufgeschweißten Flansch. Ein Loch wurde bereits mit dem Plasmaschneider eingeschnitten.

Abbildung 101

Abbildung 102

Abbildung 103

Abbildung 104

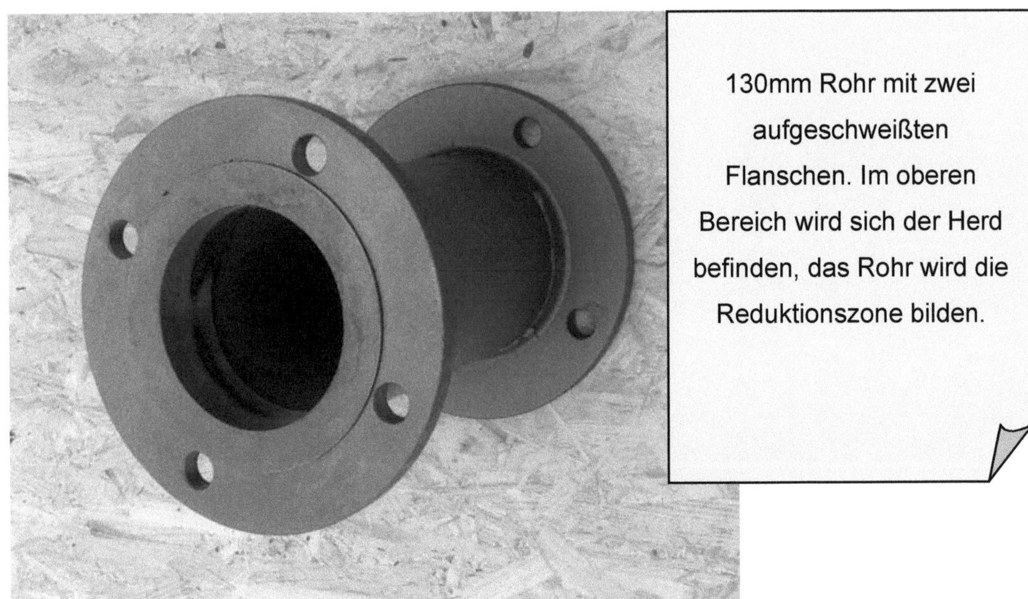

Abbildung 105

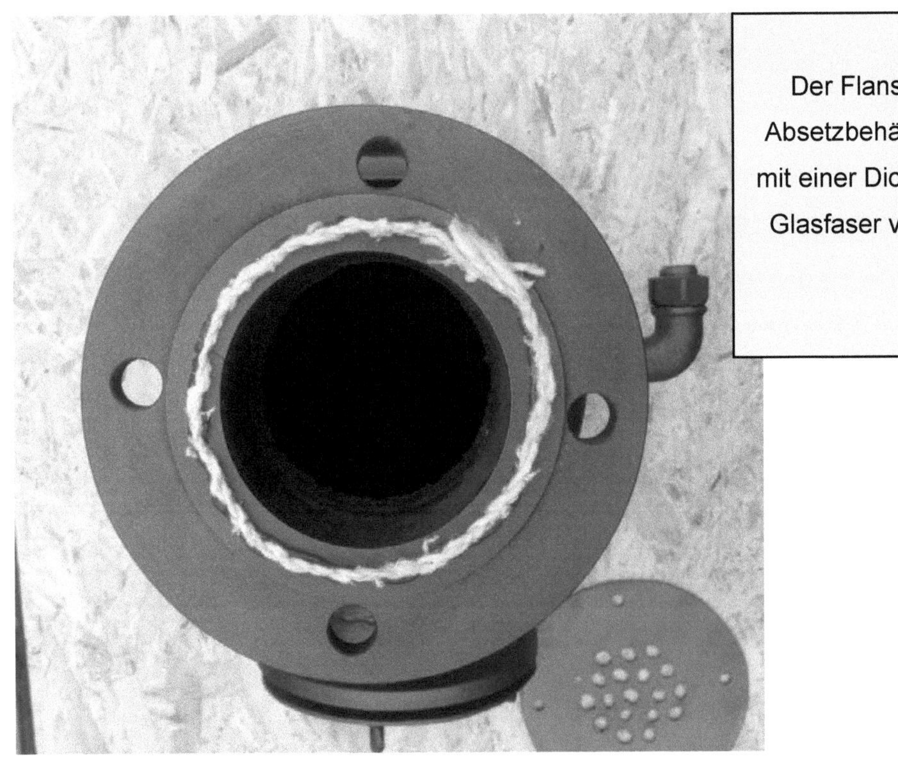

Abbildung 106

Abbildung 107

Abbildung 108

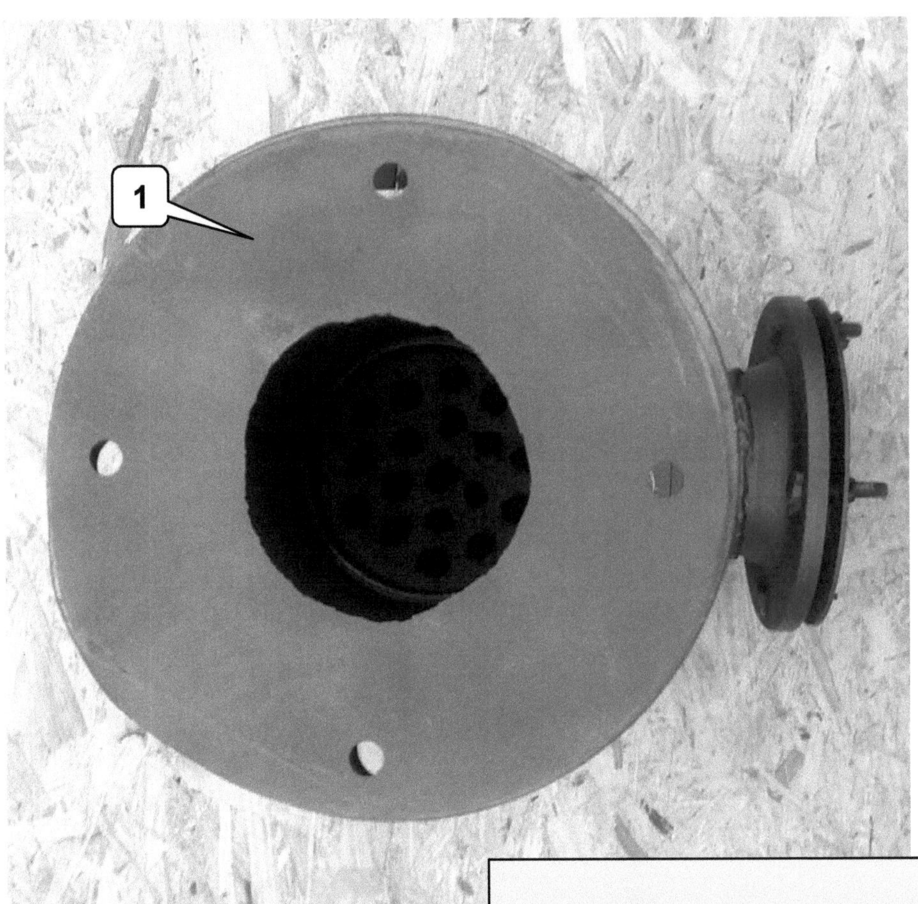

Abbildung 109

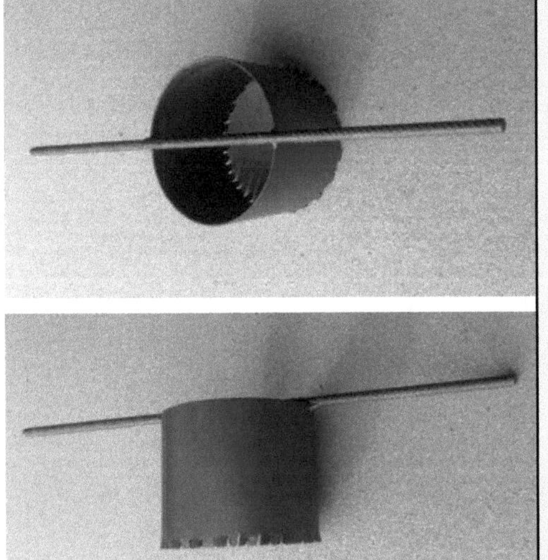

Abbildung 110

Ein Rohrstück des gleichen Materials wie das, welches zum Bau der Reduktionszone verwendet wurde, wird an einer Seite Stück für Stück mit dem Trennschleifer schräg eingesägt, anschließend die „Zähne" mit einer Zange abwechselnd leicht nach innen und außen gebogen. Aus Baustahl wird oben ein Griff aufgeschweißt. Mit diesem Werkzeug kann man genau passende Herdeinsätze aus einem Gasbetonstein heraussägen indem man diese Lochsäge auf den Stein aufsetzt und am Griff hin und her bewegt.

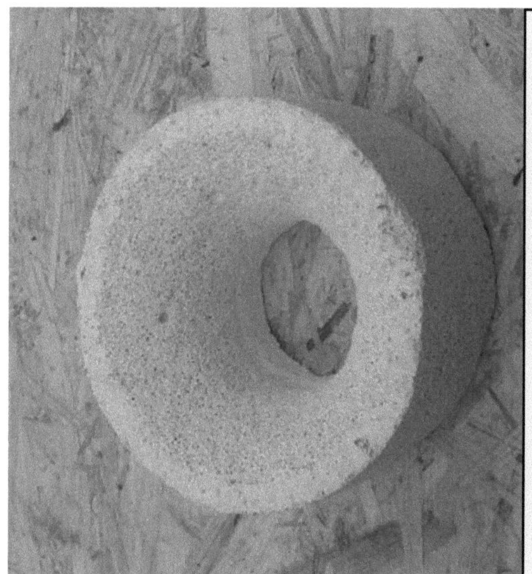

Abbildung 111

Die so gewonnene Gasbetonscheibe bekommt eine Zentralbohrung. Dafür eignen sich Lochsägen für die Bohrmaschine hervorragend. Der Durchmesser muss ausprobiert werden, ist er doch vom eigenen Vergaser-Modell und dem Brennstoff abhängig. Es empfiehlt sich mehrere mit unterschiedlichen Bohrungen herzustellen um später bei den Tests das Verhalten der Herdeinsätze ausprobieren zu können. Die Öffnung wird trichterförmig mit einer Feile ausgeschabt um ein Nachrutschen des Brennstoffs zu begünstigen.

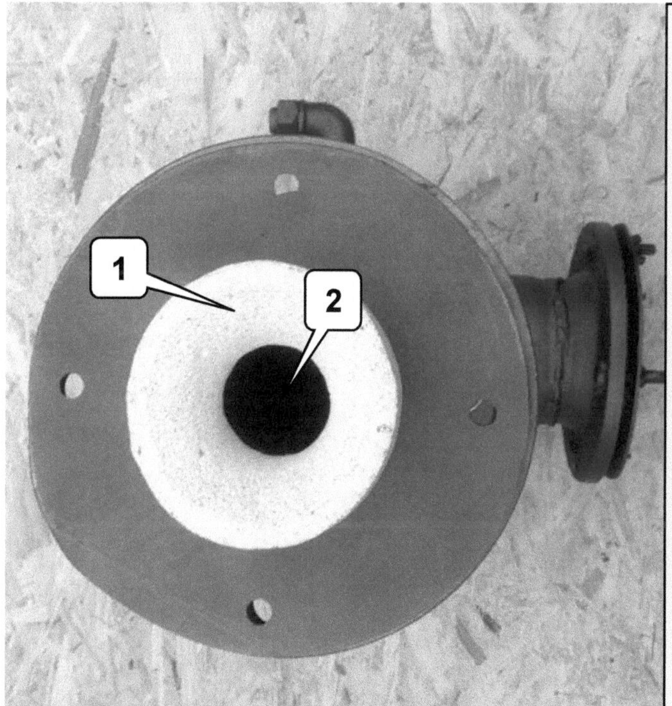

Abbildung 112

Der fertige Herdeinsatz (1) wird auf den Halter aufgesetzt. Gasbeton eignet sich zu diesem Zweck hervorragend und ist leicht zu ersetzten. Auch ermöglicht es ein vielfältiges Experimentieren mit den Winkeln und dem Durchmesser der Öffnung (Kehle) (2) ohne große Kosten oder Aufwand und hält somit auch diesen Bereich des Vergasers variabel.

Die Düse besteht am Luftauslass aus einer Schlauchtülle aus Edelstahl. Dies macht sie beständiger gegen die Hitze und auch hier kann man hervorragend optimieren und anpassen, da diese Tüllen in verschiedenen Durchmessern erhältlich sind.

Abbildung 113

Blick in den Brennstoffbehälter. Unten erkennbar ist der eingesetzte Herdeinsatz. Als Faustregel sollte der Luftaustritt der Düse etwa 5 cm über dem oberen Rand des Herdeinsatzes liegen.

Abbildung 114

100

Abbildung 115

Abbildung 116

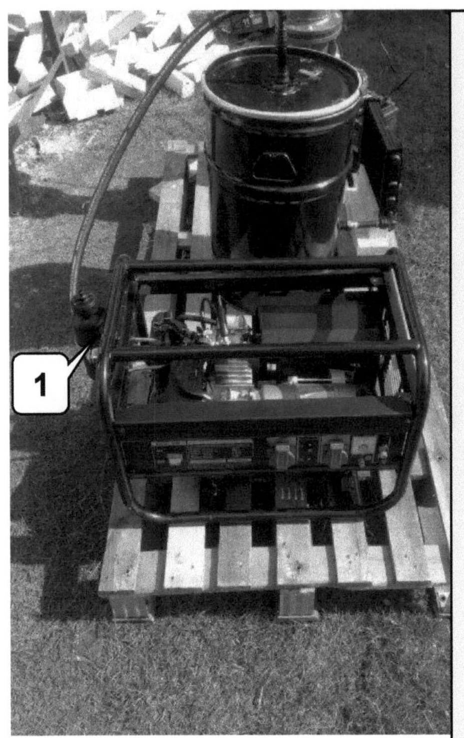

Ein kleiner Tank am Generator (1) dient dazu den Generator zu starten und somit den Motor als Sauggebläse zu nutzen, Der Tank enthält das schon beschriebene Reinigungsadditiv. Am Generator wurde nur die Zündkerze gegen eine Markenkerze ausgetauscht und der Elektrodenabstand etwas verringert. Leider ist es nicht möglich bei diesen Motoren die Zündung auf „früh" zu stellen, was dem Holzgasbetrieb entgegenkäme. Perfekt aber ist die eingebaute Drehzahlregelung, die ein solcher Generator von Haus aus mitbringt.

Abbildung 117

Natürlich lässt sich der Vergaser auch mit einem Startgebläse ohne den Generator starten. Dazu lässt man den Kugelhahn am oberen Gasauslass des Filters einfach offen, damit das Holzgas entweichen und sobald es brennbar ist, auch beurteilt werden kann. Läuft der Vergaser zufriedenstellend, wird die Holzgasflamme gelöscht und der Generator gestartet, das Startgebläse entfernt.

Abbildung 118

Abbildung 119

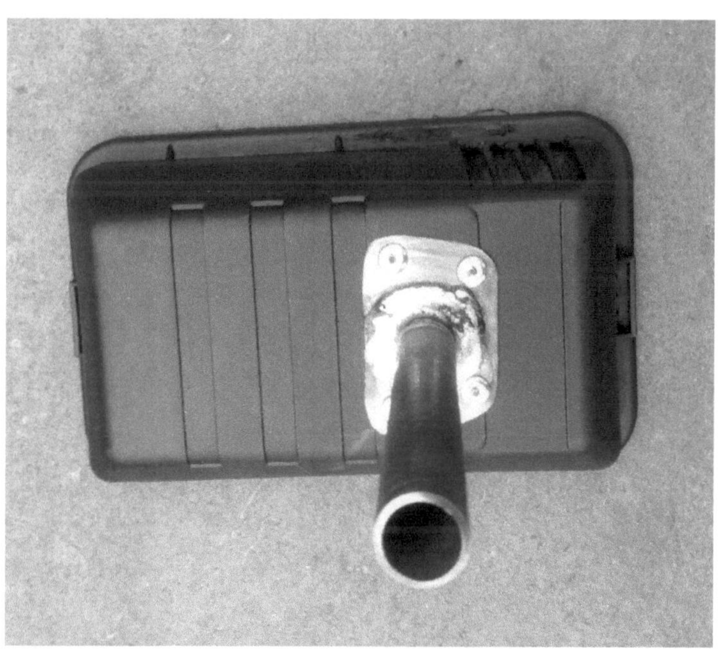

Abbildung 120

Vergaser mit Zentraldüse Modell 3

Nochmals die Vorstellung eines Holzvergasers mit Zentraldüse. Bei dieser Variante wurden Brennstoffbehälter, Absetzbehälter und Filter aus einem Metalleimer mit Spannringverschluss hergestellt. Hier ist wie schon erwähnt auf das auswechseln der Dichtungen gegen eine temperaturbeständige Variante zu achten.

Abbildung 121

Herd und Reduktionszone wurden in der gleichen Art und Weise wie im zuvor vorgestellten Modell hergestellt. Das untere Element (1) ist die Reduktionszone, zwischen den mittleren Flanschen befindet sich die Eisenplatte (2) auf der im Inneren des Herdes (3) der Herdeinsatz aus Gasbeton liegt.

Abbildung 122

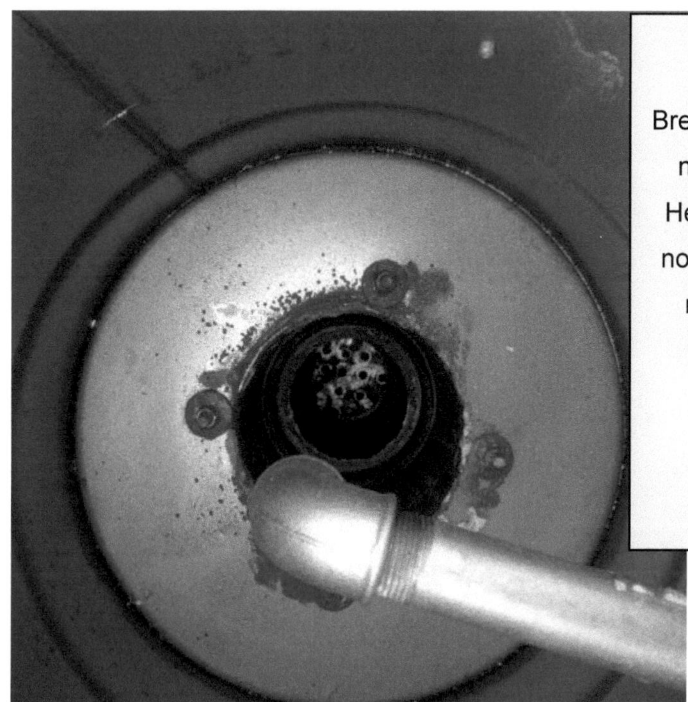

Abbildung 123

Abbildung 124

Abbildung 125

Abbildung 126

106

Abbildung 127

Abbildung 128

Abbildung 129

Abbildung 130

108

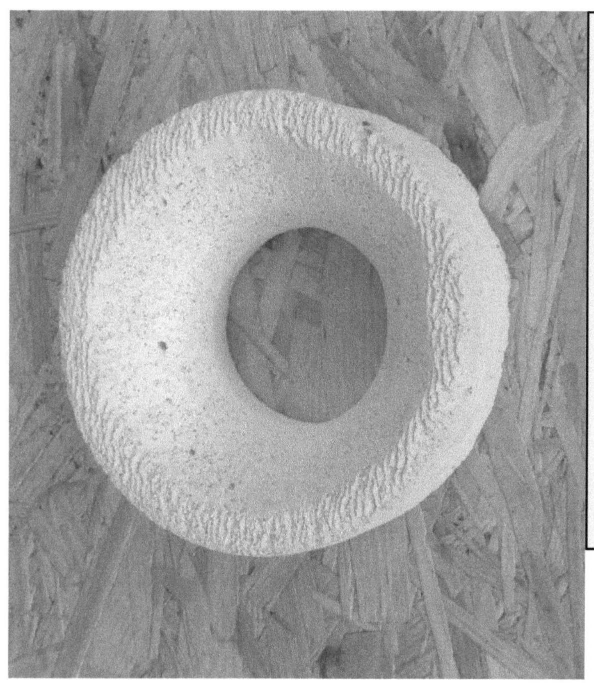

Auch in diesem Fall besteht der Herdeinsatz aus einer Gasbetonscheibe, welche durch die abgeschabten Ränder einen Trichter zur sogenannten Kehle des Herdes bildet. Dadurch wird sichergestellt, dass der Brennstoff kontinuierlich nachrutscht.

Abbildung 131

Der Gasfilter besteht ebenfalls aus einem Spannringfass. Zu sehen ist der obere Abgang des gefilterten Gases (1). Der seitliche Abgang mit dem Kugelhahn (2) dient in der Aufheizphase dazu das entstehende Gas abzufackeln und zu beurteilen bevor der Motor gestartet wird. Hier wäre auch das Sauggebläse anzuschließen (am Platz (3)). Im Motorbetrieb wird über den Kugelhahn die richtige Mischung Holzgas-Frischluft eingestellt.

Abbildung 132

Abbildung 133

Abbildung 134

110

Abbildung 135

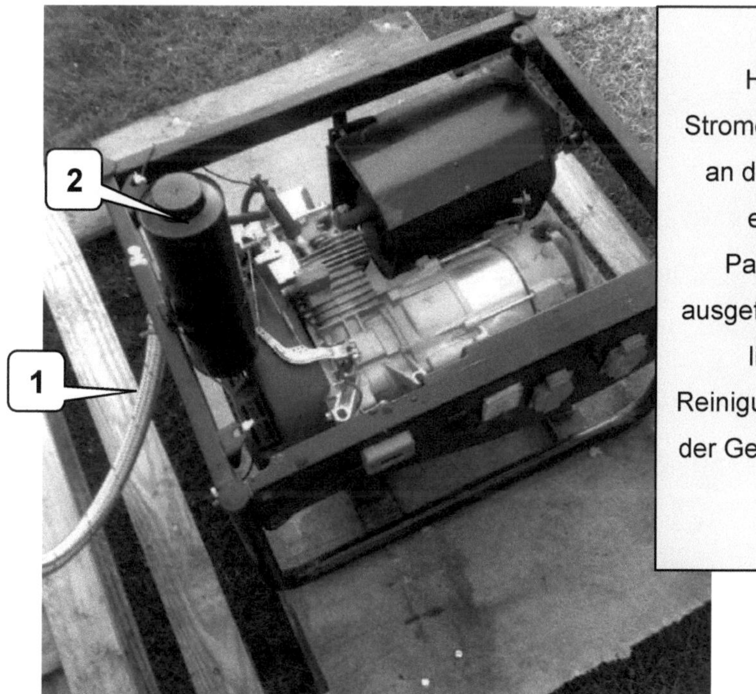

Abbildung 136

Abbildung 137

Abbildung 138

Abbildung 139

Holzvergaser mit Ringdüsen Modell 1

Dieses Vergasermodell habe ich anfänglich mit Pellets betrieben, doch nie gutes Holzgas erzeugt. Dafür war die Teerproduktion extrem hoch. Für Pellets eignet sich die Zentraldüse mit engerer Einschnürung des Herdes einfach besser. Auch ist bei diesem Modell hier die Reduktionszone etwas zu klein bemessen. Der Vergaser funktionierte mit Holzhackschnitzeln allerdings gut und lieferte gutes Gas und wenig Teer.

Abbildung 140

114

Abbildung 141

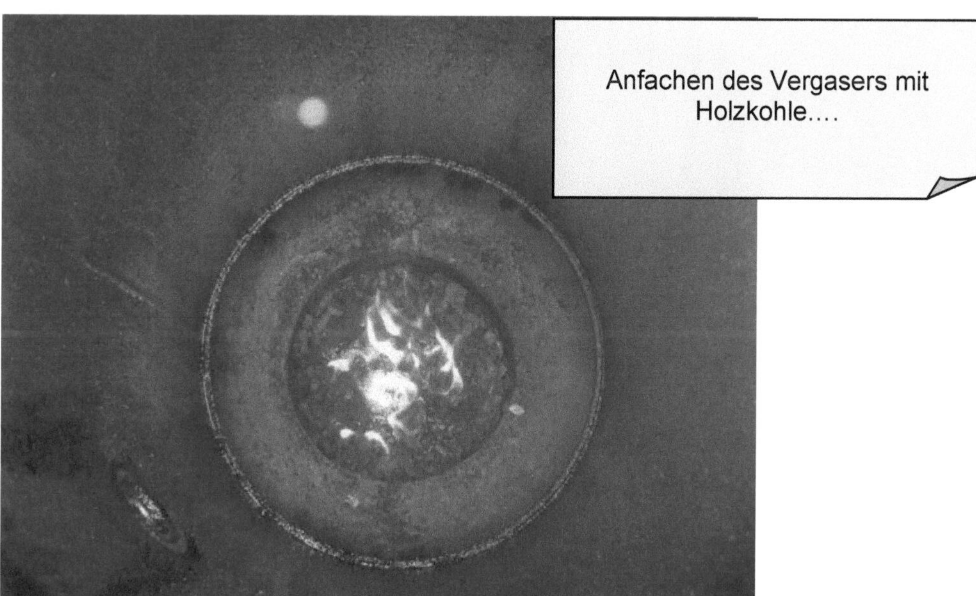

Abbildung 142

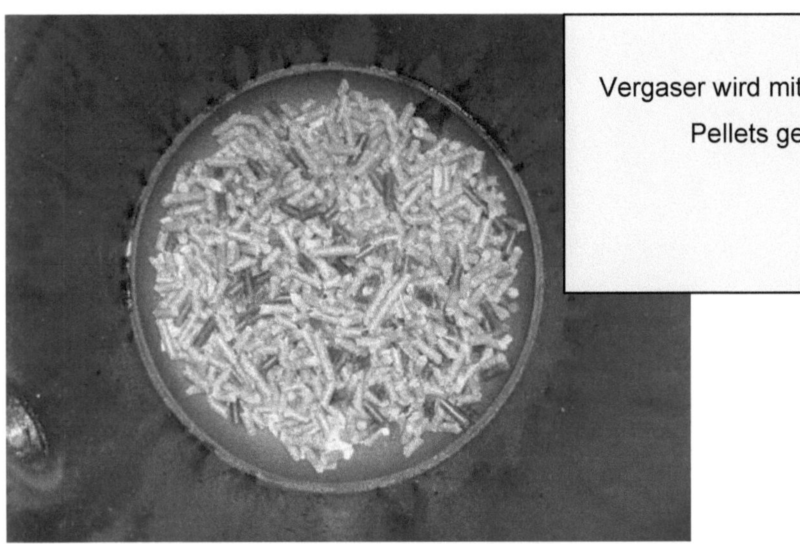

Abbildung 143

Abbildung 144

Gerade in der Startphase kann ein Vergaser nicht unerhebliche Mengen an Teer produzieren, wie man hier sieht tropft es schon aus dem Gebläse raus. Deshalb verursachen als Sauger eingesetzte Gebläse erheblichen Reinigungsaufwand.

Abbildung 145

Mit Pellets als Brennstoff produzierte der Vergaser Unmengen an Teer, in Abbildung 146 sieht man, dass selbst der Gasfilterbehälter nach nur einer Stunde Betrieb komplett voller Teerablagerungen war.

Abbildung 146

Vergaser mit Ringdüsen Modell 2

Abbildung 147

118

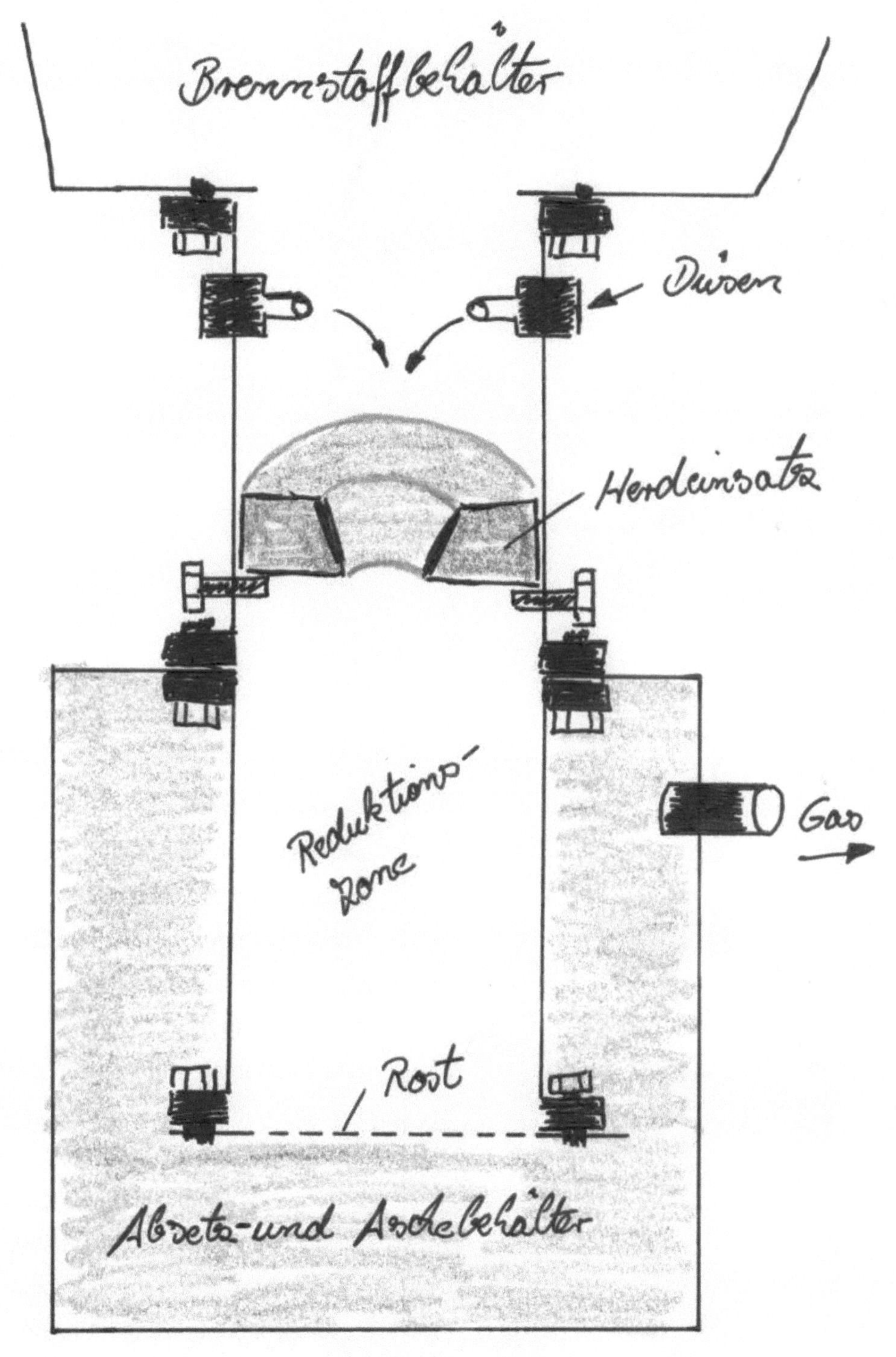

Abbildung 148

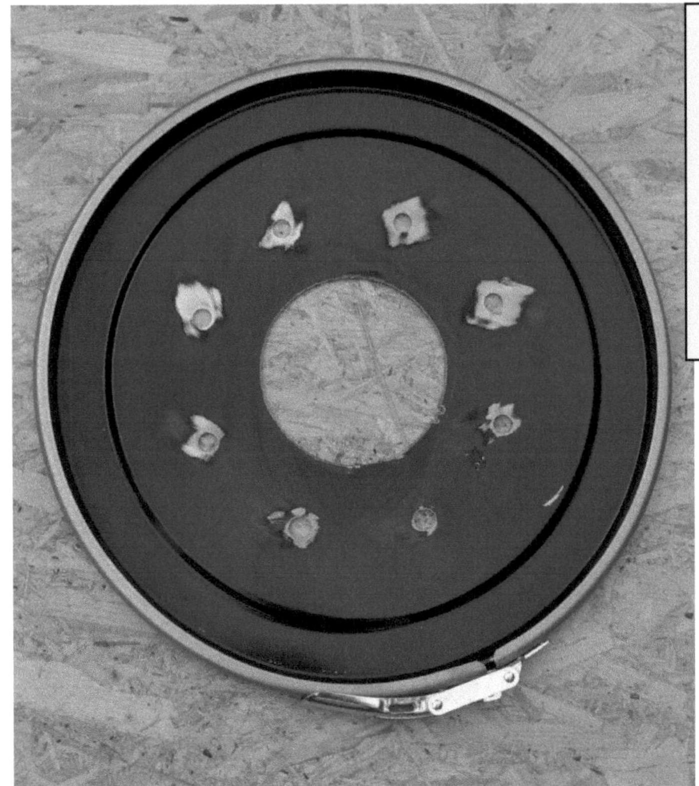

Abbildung 149

Abbildung 150

120

Abbildung 151

Abbildung 152

Abbildung 153

Hier die Reduktionszone mit Rost (steht in Abbildung 153 auf dem Kopf). Diese wurde bei dieser Konstruktion von unten an den Deckel des Absetzbehälters geschraubt. Damit befindet sich die ganze Reduktionszone im Absetzbehälter und ist nicht zu sehen, dafür allerdings besser isoliert. Damit kann besonders bei tiefen Außentemperaturen verhindert werden, dass die Reduktionszone zu viel Wärme verliert und die Gasqualität leidet.

Abbildung 154

Der Gaskühler besteht ebenfalls aus einem alten Heizkörper. Diese haben sich im Laufe der Zeit als perfekt geeignet erwiesen. Mann könnte nun die Leitungen vom Gaskühler verlängern, den Heizköper in die Werkstatt hängen und dann sozusagen mit der Abwärme des Vergasers die Werkstatt heizen. Die Leitungen sind aus dem Sanitärhandel, das Gebläse ist wieder eine solche 12V Luftpumpe.

122

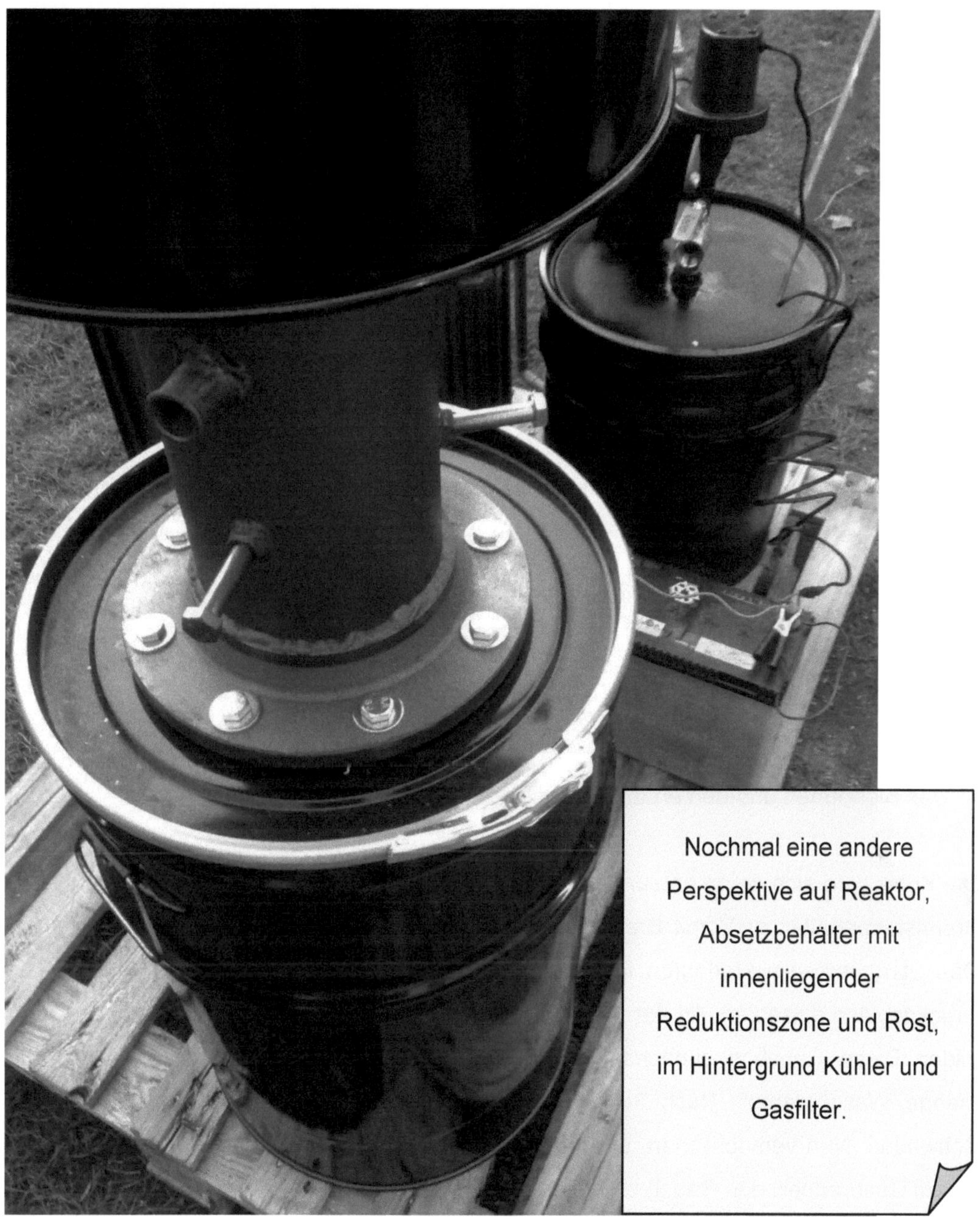

Abbildung 155

Startanleitung eines „Absteigenden Holzvergasers"

Einen solchen Holzvergaser zu bedienen ist im Grunde genommen fast so einfach wie Grillen. Vor dem Start vergewissert man sich, dass alle Verbindungen, Verschraubungen und Dichtungen in einwandfreiem Zustand und dicht verschlossen sind. Der Gasfilter ist mit Filtermaterial bestückt.

…kaltes Bier bereitstellen ….

Der Deckel des Brennstoffbehälters wird geöffnet und feine Holzkohle (etwa Kirschgröße) in den Herd des Vergasers gegeben. Die Menge sollte die Reduktionszone füllen, sowie den Herd bis zu den Düsen (oder der Düse bei einer Zentraldüse). Ein Anzünder oder etwas Zeitungspapier wird entzündet und auf die Kohle gelegt. Der Deckel des Brennstoffbehälters bleibt geöffnet.
Der Kugelhahn der Fackel wird voll geöffnet und das Startgebläse als Sauggebläse an die Fackel aufgesetzt und gestartet.

… Das Bier öffnen und den ersten Schluck genießen …

Die Kohle wird sich rasch entzünden und die ganze Reduktionszone erfassen. Dann den Brennstoffbehälter zu ¾ mit Brennstoff füllen und den Deckel des Behälters schließen. Das Startgebläse weiterlaufen lassen, wenn man möchte kann man es nun auch als Druckgebläse einsetzen. An der Fackel werden sich binnen kurzer Zeit Rauschschwaden bilden. Dieser Rauch ist zunächst weiß und wenig dicht, denn er enthält noch eine große Menge Wasserdampf. Nach kurzer Zeit wird er zu dicken, gelblich schimmernden Schwaden. Nun versucht man, am besten mit einer dauerhaften Flamme (zum Beispiel einem Gasbrenner) den Rauch zu entzünden.
Wenn dieser brennt wird kontinuierlich die Flammenfarbe beurteilt. Die Flamme wird zuerst Orange-gelb sein, denn die Prozesse im Vergaser müssen sich erst noch stabilisieren. Die Flamme wird immer heller und schließlich fast unsichtbar.
Jetzt muss man schnell handeln: Das Startgebläse ausschalten und den Kugelhahn schließen um die Fackelflamme zu löschen, danach Kugelhahn wieder zwei Drittel auf und sofort Motor starten. Normalerweise startet der Motor nach den ersten Versuchen, dann am Kugelhahn die Menge an angesaugter Frischluft fein justieren bis der Motor „rund" läuft. Startet der Motor innerhalb der ersten Minute nicht, ist der Versuch abzubrechen. Der Kugelhahn wird wieder voll geöffnet und das Startgebläse gestartet.

Das abgefackelte Gas wird wieder begutachtet bis es fast unsichtbar brennt und der Startversuch wiederholt. (oder man startet den Motor gleich mit Benzin oder Additiv und stellt dann auf Holzgas um)

Wenn der Motor zufriedenstellend läuft, muss man im Laufe der nächsten Zeit nur noch ein wenig am Kugelhahn feinjustieren. Steht der Motor auf der gleichen Konstruktion wie der Vergaser, reicht die Vibration des Motors aus um den Brennstoff im Brennstoffbehälter nachrutschen zu lassen. Sind Motor und Vergaser konstruktionsbedingt getrennt, muss man nun zeitweise den Rüttelmotor einschalten.

…Zeit das Bier zu genießen….

Die Kontrolle des Füllstandes oder das Nachlegen von Brennstoff kann im Betrieb erfolgen, wenn man sich damit beeilt, sodass der Vergasungsprozess nicht ins Stocken gerät. Dazu wird der Deckel des Brennstoffbehälters geöffnet OHNE DABEI DEN KOPF ODER ANDERE KÖRPERTEILE ÜBER DIE ÖFFNUNG ZU HALTEN! In den meisten Fällen wird sich kurz nach dem Öffnen des Deckels eine Entzündung der oberhalb des Brennstoffs befindlichen Gase ereignen und das kann einem zu vorwitzigen Holzgasbauer schon mal die Haare und Augenbrauen kosten … fragt besser nicht woher ich das weiß. Diese Stichflamme kommt nicht immer, hängt sie doch ebenfalls von verschiedenen Randbedingungen ab. Also bitte erst 5-10 Sekunden nach Öffnen des Deckels abwarten und dann VORSICHTIG! prüfen und gegebenenfalls Brennstoff nachlegen. Danach den Deckel zügig verschließen.

… Zeit für ein zweites Bier….

Wenn man nun alles richtig gemacht hat und der Vergaser und Motor zufriedenstellend läuft, wiederholt man den Vorgang beliebig oft (…nur nicht den Vorgang mit dem Bier…)

Zum Ausschalten des Vergasers wird der Motor gestoppt und der Kugelhahn geschlossen, wenn vorgesehen werden die Frischluftdüsen ebenfalls verschlossen. So erstickt der Vergaser und kühlt ab. Diese Abkühlungsphase kann viele Stunden dauern. Auf keinen Fall sollte der Vergaser mit Wasser gelöscht werden, denn der Temperaturschock kann Bauteile zerstören und ein möglicherweise entstehender Geysir birgt große Verbrennungsgefahr.

Die „Aufsteigenden Holzvergaser"

Hier zeige ich einen „Aufsteigenden Holzvergaser", welchen ich in asiatischen Ländern gesehen habe und welcher dazu dient, Holzgas aus Abfällen außerhalb des Gebäudes zu erzeugen und dieses Gas dann durch eine Leitung zu einem handelsüblichen Gaskocher in der Wohnung zu leiten. Es besteht aus einem Behälter (in diesem Fall wieder Spannringeimer) in den der Reaktor eingelassen ist. Dazu ein Gebläse und Rohrleitungen zur Beaufschlagung des Behälters mit Verbrennungsluft und Ableitung des Holzgases. Dieser Vergaser erzeugt erstaunlich gutes Holzgas.

Abbildung 156

126

Am Anfang des Buches hatte ich ja schon erklärt, dass ich in diesem Buch die zwei Hauptkonstruktionen von Holzvergasern vorstellen möchte, den „Absteigenden Holzvergaser" und den „Aufsteigenden Holzvergaser". Für motorische Einsatzzwecke ist der „Absteigende Holzvergaser" einfach die erste Wahl, weshalb ich ihm in diesem Buch den ersten Teil gewidmet habe. Durch seine Konstruktion erlaubt er mit Einschränkungen den kontinuierlichen Betrieb und er hat eine definierte und konstante Reduktionszone, welche die Grundvoraussetzung für ein wirklich gutes Holzgas mit blauer Flamme ist. Die Teerentwicklung kann unterbunden werden und somit mit dem Gas problemlos ein Verbrennungsmotor betrieben werden. Diese „Aufsteigenden Holzvergaser" funktionieren völlig anders.

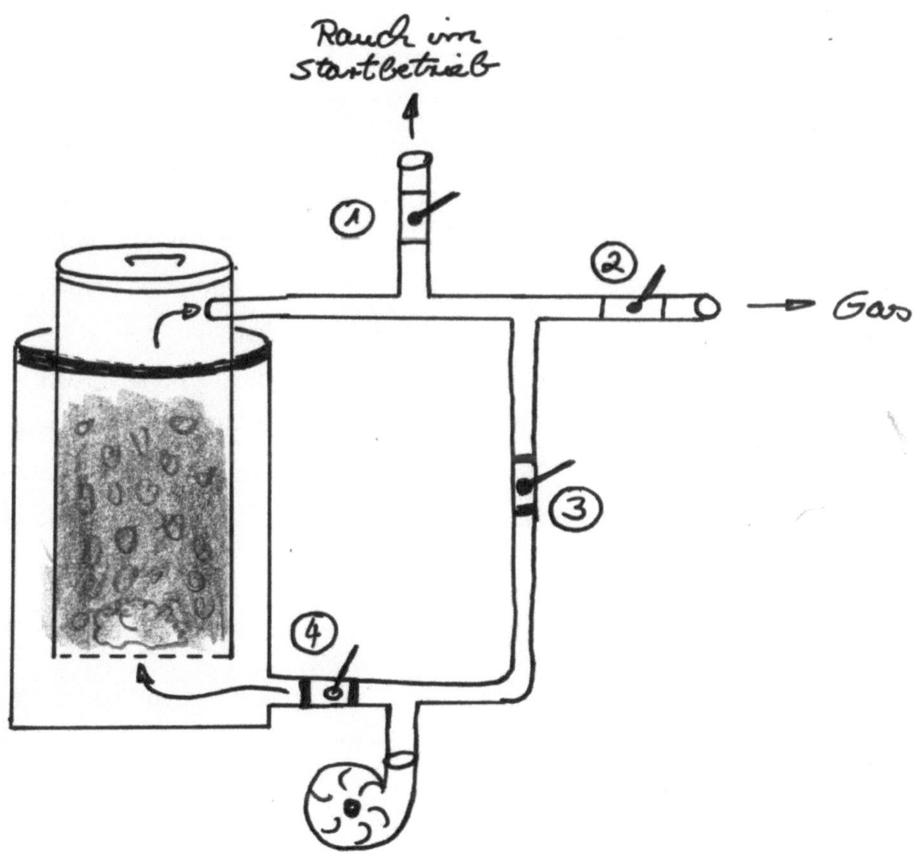

Abbildung 157

Der innere Behälter besitzt im Boden Öffnungen durch welche die Verbrennungsluft gelangt. Dazu wird der äußere Behälter mit einem Gebläse mit Luft beaufschlagt. Die Menge der zugeführten Luft wird mit einem Kugelhahn (4) eingestellt. Entzündet wird der Vergaser mit etwas glühender Kohle oder brennendem Karton am unteren Rost des inneren Behälters und dann wird der Brennstoff aufgelegt. Der Deckel des inneren Behälters wird geschlossen, das Gebläse gestartet. Kugelhahn (1) ist geöffnet, Kugelhahn (2) geschlossen ebenso Kugelhahn (3). Der Kugelhahn (4) ist geöffnet. Der Prozess beginnt und der Rauch kann über eine lange Rohrleitung nach oben über das Hausdach abgeleitet werden. Nach einigen Minuten wird der Abrauch über Kugelhahn (1) verschlossen und Kugelhahn (2) geöffnet. Mit Kugelhahn (3) wird nun dem über Kugelhahn (2) ausströmendem Holzgas die nötige Verbrennungsluft beigemischt.

Der „Aufsteigende Holzvergaser" ist deutlich einfacher aufgebaut und deshalb für einige Anwendungen hochinteressant. Er kann nämlich jeglichen Brennstoff zu Gas umwandeln und das kann schon Vorteile bringen. In asiatischen Ländern wird diese Form der Biomassevergasung deshalb hochgeschätzt, da man so aus irgendwelchem trockenem Bioabfall bis hin zu Kot alles zu gutem Gas verarbeiten kann, welches dann an anderer Stelle sauber verbrennt. Zum Beispiel steht ein solcher Vergaser irgendwo im Hof, wird mit Bioabfall bestückt und entzündet. Durch eine Leitung gelangt das Gas in die Küche und versorgt den Kochherd, dessen Flamme nahezu rauch und geruchlos verbrennt. Das ist schon deutlich besser und ein Komfortgewinn, statt in der Küche eine Biomüllverbrennungsanlage zu betreiben. Dazu ist der Kraftstoff kostenlos. Auch lassen sich im Mix hervorragend Brennstoffe vergasen, welche für den „Absteigenden Holzvergaser" ungeeignet sind, Sägespäne zum Beispiel oder Reste der Zuckerrohrpressung. Ich selbst durfte eine solche Anlage besichtigen, welche aus (…naja es war alles gemixt, Kot, Müll …) Gas erzeugt hat.

Um diesen „Aufsteigenden Holzvergaser" zu bauen benötigt man einen Spannringeimer, Ofenrohr und einen Einschweißflansch, eine Kapsel für das Ofenrohr, Sanitärrohr und 3 Kugelhähne, ein Gebläse und ein paar Kleinteile.

Im ersten Schritt trennen wir ein 10 cm hohes Stück vom Ofenrohr ab (1) und schweißen beide Teile beidseitig an den Flansch (2), so dass das längere Teil fast bis zum Boden des Eimers reicht und das 10cm Stück über den Deckel des Eimers herausschaut.

Abbildung 158

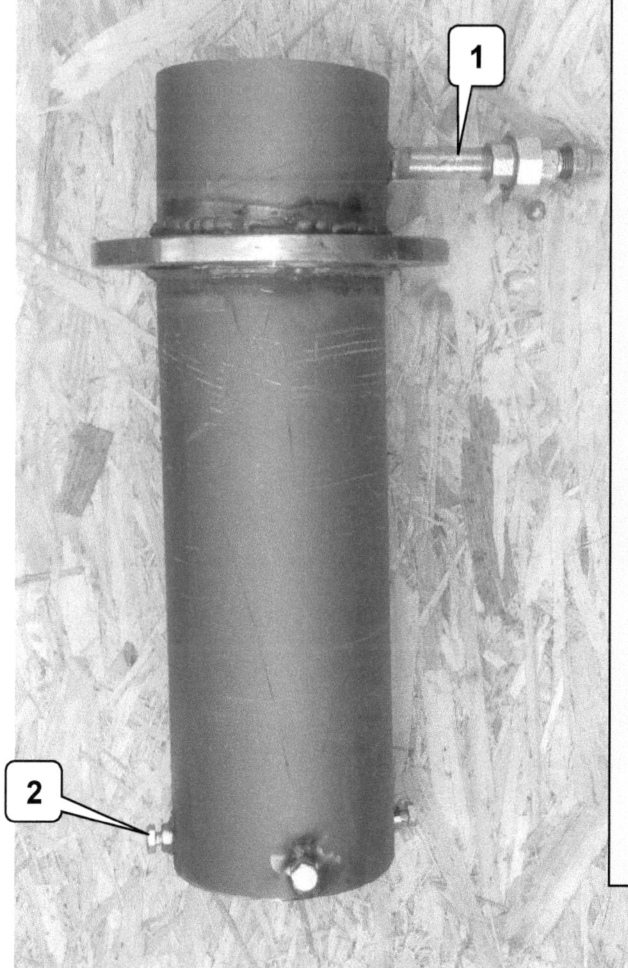

Als nächstes wird in das obere Teil des Rohres in 5cm Höhe ein Rohr eingeschweißt (1), dies dient der Gasentnahme. Hier habe ich das Rohr am Ende noch mit einer Sanitär Schraubkupplung versehen, zur leichteren Demontage für eventuellen Transport zu Demonstrationszwecken. Im unteren Bereich habe ich Löcher gebohrt, Muttern aufgeschweißt und Schrauben eingedreht (2). Auf diesen eingedrehten Muttern wird im Inneren des Rohres das Rost liegen.

Abbildung 159

Abbildung 160

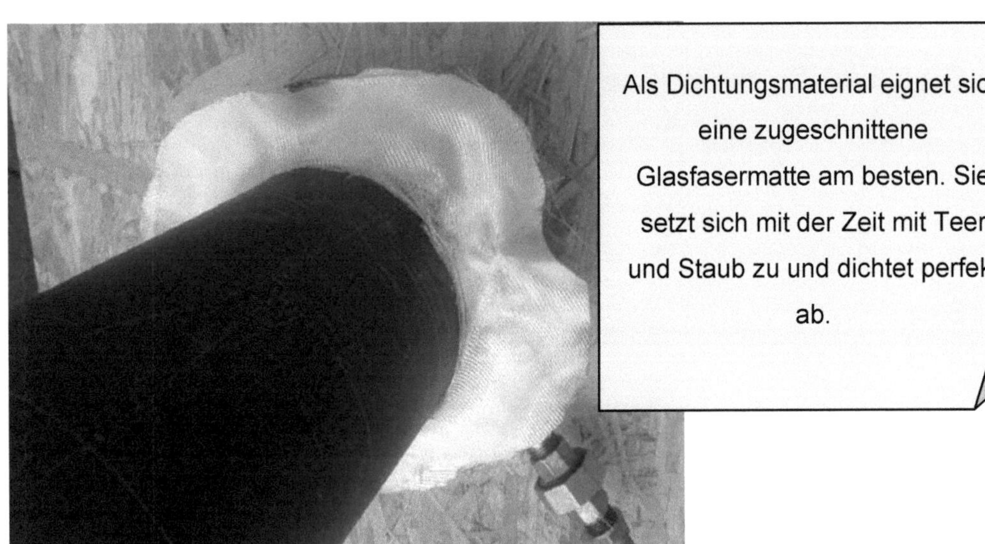

Abbildung 161

130

Abbildung 162

Abbildung 163

Abbildung 164

Abbildung 165

132

Abbildung 166

Das Rohr wird nur durch das Loch gesteckt, das Gewinde etwas mit Glasfaser und Hochtemperatursilikon bestrichen und von innen und außen eine Mutter aufgeschraubt. Damit hat man nun auch gleichzeitig einen Gewindeanschluss für die weitere Verrohrung.

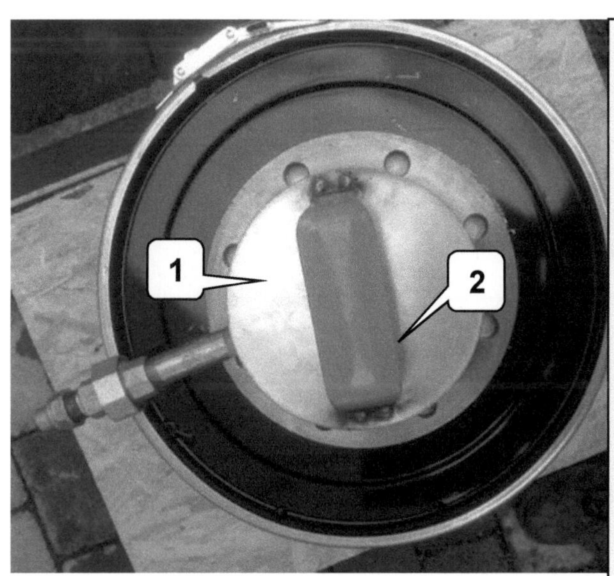

Abbildung 167

Es gibt sogenannte Ofenrohrkapseln um Ofenanschlüsse in Hauswänden zu verschließen (1). Diese eignen sich hervorragend als Deckel, wenn man einen Griff (2) anschweißt. (Hier der Griff einer alten Gasflasche). Der Deckel bildet auch gleich den Explosionsschutz, bei Überdruck fliegt er einfach oben weg.

Zum Entzünden wird unten auf das Rost etwas glühende Holzkohle oder brennender Karton gegeben und dann der Brennstoff aufgefüllt und das Gebläse eingeschaltet. Dann kann der Deckel aufgesetzt werden. Dass Feuer frisst sich nun von unten nach oben durch den Brennstoff.

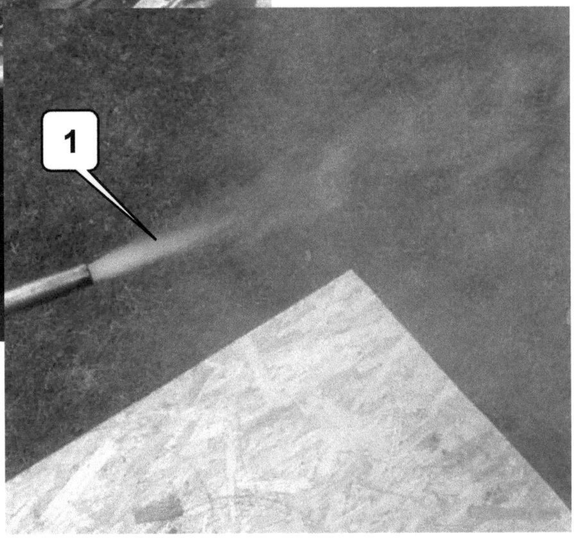

Abbildung 168

Dieser Vergaser erzeugt unglaublich gutes Gas und eine Flamme die tagsüber unsichtbar verbrennt. Der weiße Kegel in der Flammenmitte (1) ist Wasserdampf und zeigt, dass das Brennmaterial nicht optimal trocken war.

Abbildung 169

134

Ein zweiter „Aufsteigender Holzvergaser" mit Kochaufsatz

Hier einmal ein ganz ähnliches Modell. Unten ist ein Gebläse angebracht und beaufschlagt den Herd mit Frischluft (1), oben kann jetzt nun wahlweise ein Deckel (2) aufgesetzt werden um das entstehende Gas über das Rohr anderen Verwendungen zuzuführen oder es wird der Kochaufsatz (3) aufgesteckt. Der besteht aus einem Stück Ofenrohr, welches mit der verjüngten Seite in das Rohr des Herdes passt und dem eingesetzten Kreuz als Topfhalter. Ringsherum wurden Lüftungslöcher gebohrt (4). In diesem Bild ist der Vergaser also nun in der Funktion als Outdoor-Kocher.

Abbildung 170

Abbildung 171

Abbildung 172

136

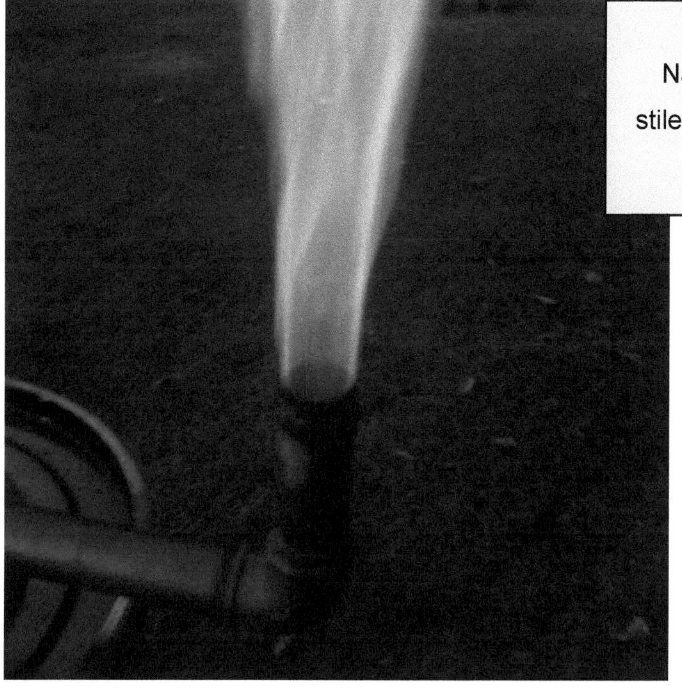

Abbildung 173

Ein Mini „Aufsteigender Holzvergaser" mit Kochfunktion

Abbildung 174

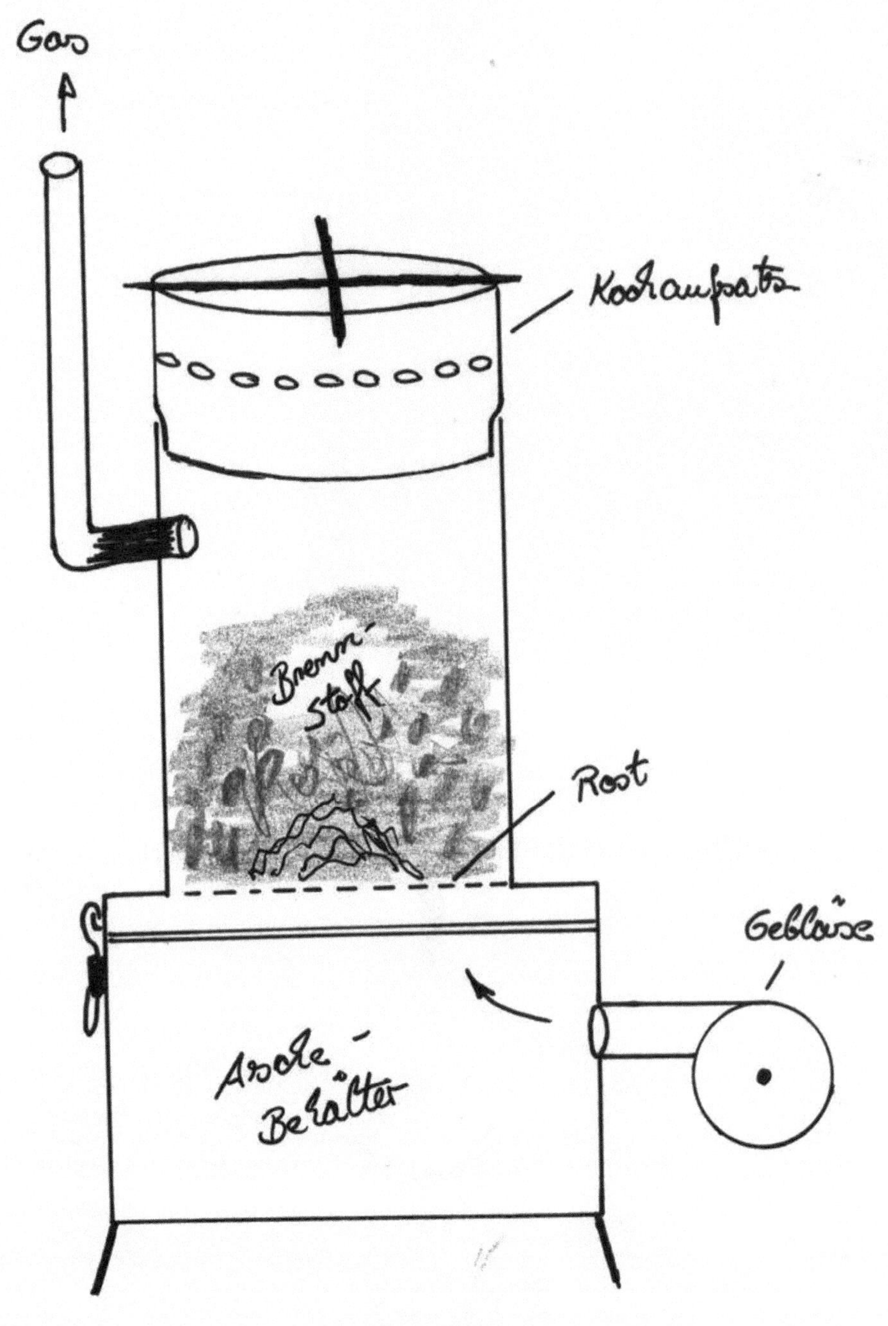

Abbildung 175

138

Abbildung 176

Abbildung 177

Abbildung 178

Hier in Abbildung 178 ist die Konstruktion in der Funktion als Holzvergaser und das Gas wird abgefackelt. Die Konservendose am Ende der Fackel verringert die Gasgeschwindigkeit und verhindert einen Flammenabriss. Durch die geringe Baugröße kann sich im Herd keine ausreichende Reduktionszone bilden und die Flamme bleibt orange, da sie noch Teer enthält.

140

Der Multi-Brennstoff-Vergaser

Zum Schluss noch ein sehr einfaches Modell eines „Aufsteigenden Vergasers", allerdings hat diese Konstruktion es in sich. In Betrieb ist der Vergaser in Abbildung 182 dargestellt. Der Vergaser besteht aus zwei alten Gasflaschen, die eine bildet den Reaktor (1), die andere den Gasfilter (2). Beide Gasflaschen wurden oben mit einem Plasmaschneider aufgeschnitten, ein Stück Ofenrohr (3) aufgeschweißt und mit einem Deckel aus einer Ofenrohrkapsel mit aufgeschweißtem Griff versehen (4).

Abbildung 179

Diese Deckel bilden auch gleichzeitig den Explosionsschutz, bei einer Rückzündung macht es nur „Plöpp" und die Deckel liegen auf der Wiese. Der Reaktor ist innen leer, also ohne Rost, Herd etc. Der Brennstoff wird einfach oben eingefüllt und verbrennt im inneren „unkontrolliert" aber sehr effektiv, allerdings nicht zu so sauberem Gas, wie ein absteigender Vergaser das bewerkstelligt.

Selbstverständlich müssen die Gasflaschen leer sein und es müssen Eigentumsflaschen sein (sonst zerstört man anderer Leute Eigentum!). Nachdem die restentleerten Flaschen einige Tage mit geöffnetem Ventil auf dem Kopf gestanden haben (Das Gas ist schwerer als Luft) wird das Ventil herausgeschraubt (normales, konisches Rechtsgewinde) und die Flasche komplett mit Wasser gefüllt. So stellt man sicher, dass sich definitiv kein Gas mehr in der Flasche befindet. Dann kann das Wasser wieder ausgeschüttet und die Flasche bearbeitet werden.

Auf einen Gaskühler wurde verzichtet. Der Reaktor wird im oberen Bereich mit dem unteren Bereich des Filters mit einem 1" Rohr verbunden (5). Der Filter bekommt oben einen Gasauslass (6). Der Brennraum wird im unteren Bereich durch einen Lüfter, den ich mit einer selbstgebauten Drossel versehen habe (Konstruktion wird unten erklärt), mit Verbrennungsluft versorgt (7). Dadurch entsteht im Brennraum fast so etwas wie ein Schmiedefeuer in dem wirklich alles verbrannt und vergast werden kann. Der Filter ist mit Tongranulat gefüllt und bildet aufgrund der hohen Temperaturen einen sogenannten Heißgasfilter.

Auch ein solch einfaches Vergasermodell kann gutes Holzgas produzieren. Der Grund dafür liegt in den hohen Temperaturen, welche in kurzer Zeit nach dem Start im Brennraum herrschen. Er wird zwar nie eine perfekte blaue Flamme erzeugen, allerdings ist er für die ein oder andere Anwendung sicher gut geeignet. Die Vorteile dieser Konstruktion:

1) Einfache, sehr robuste Vergaserkonstruktion
2) Multi-Brennstoff, es wird alles verbrannt, auch Stoffgemische

Abbildung 180

Um die Fördermenge des Gebläses zu regeln habe ich mir eine Drossel gebaut (Abbildung 180). Diese besteht aus einem Sanitär HT-Rohr mit Kappe (1). In diese Kappe habe ich zwei Löcher mit dem Stufenbohrer geschnitten und noch einmal die gleichen Löcher in eine Holzronde (2). Dann ein Loch in die Mitte von Kappe und Holzronde gebohrt und beides mit einer Schraube verbunden (3). Nun kann man die Holzronde drehen, so dass entweder die Löcher in der Kappe des HT-Rohres und die der Holzronde übereinander stehen = Volllast oder die Löcher sich teilweise bzw. vollständig verdecken = Teillast bzw. aus.

143

Abbildung 181

Abbildung 182

Ein Wort zum Abschluss

Ich danke Dir recht herzlich für Dein Interesse lieber Leser und für den Kauf dieses Buches. Ich hoffe, dass der Inhalt gefallen hat und Dir hilft Dein eigenes Holzvergaserprojekt zu verwirklichen. Mir hat die Zeit mit der Holzgastüftelei und mit dem Schreiben dieses Buches sehr viel Freude gemacht. Außerdem freue ich mich immer, wenn ich andere mit der Leidenschaft am Tüfteln etwas anstecken kann.

Als Zusammenfassung dieses Buches kann man festhalten, dass es nicht die eine einzige Konstruktion eines Holzvergasers gibt, welche ich am Schluss empfehlen kann. Am Anfang steht immer die Frage nach dem Brennstoff, der zur Verfügung steht, dann die Frage nach der Anwendung, also ob man das Gas für einen Verbrennungsmotor oder für andere Anwendungen nutzen möchte. Danach im letzten Schritt kommen erst die Fragestellungen nach der Konstruktion und den zur Verfügung stehenden Materialien und Werkzeugen.
Anfängern würde ich immer dazu raten mit den aufsteigenden Vergasern zu beginnen und damit die ersten Erfahrungen zu sammeln. Auch wenn damit nicht das optimalste Gas erzeugt wird, es macht trotzdem riesen Spaß irgendeinen alten Motor oder auch einen alten Rasenmäher versuchsweise damit zu betreiben. Nach und nach sammelt man so die Erfahrungen (und Werkzeug), die man für den absteigenden Vergaser benötigt

Ich freue mich über Lob genauso wie über konstruktive Kritik. Du kannst mich erreichen unter

energieheimwerker@gmx.de

oder Du besuchst meinen Blog auf

Energieheimwerker.de

Dort findest Du auch einige kleine Filmchen von den Holzvergasern im Betrieb und weiterführende Informationen zu laufenden und neuen Projekten.

Weiterführende Literatur und Informationen im WWW

Wood gas as engine fuel
FAO (Food and Agriculture Organisation of the United Nations)
(im Internet als PDF zu finden)

Kleine Holzvergaser
Ein Bericht aus der Praxis mit Tipps zum Selbstbau
Ulrich Graf
www.imtreibhaus.de

www.build-a-gasifier.com
Englischsprachige Internetpräsenz mit vielen Downloads von Beschreibungen, Anleitungen bis hin zu alten Büchern. Eine Fundgrube zum Schmökern und Lernen

www.woodgas.nl
Sehr gute Internetpräsenz (auch in Deutsch) zu der Anwendung von Holzvergaseranlagen im Auto nebst Kleinanwendungen. Hintergründe und Berechnungsgrundlagen.